桥心 著

济南出版社

图书在版编目（CIP）数据

拿捏 / 桥心著 . -- 济南：济南出版社，2024. 11
（2025.11 重印）. ISBN 978-7-5488-6867-5

Ⅰ . B848.4-49

中国国家版本馆 CIP 数据核字第 20255A7B81 号

拿捏
NANIE
桥心 著

出 版 人 谢金岭
责任编辑 张慧敏
装帧设计 宋晓亮

出版发行 济南出版社
地　　址 济南市市中区二环南路 1 号（250002）
总 编 室 0531-86131715
印　　刷 三河市九洲财鑫印刷有限公司
版　　次 2025 年 1 月第 1 版
印　　次 2025 年 11 月第 2 次印刷
开　　本 160mm × 230mm 1/16
印　　张 12.5
字　　数 144 千字
书　　号 ISBN 978-7-5488-6867-5
定　　价 52.00 元

如有印装质量问题 请与出版社出版部联系调换
电话：0531-86131736

目录

CONTENTS

chapter 3 第三章 制人攻心

读心有术，攻心有方

chapter 4 第四章 极限拉扯

人际交往中的顶级博弈

chapter 5

第五章　言语交锋

三言两语，抓住对方的心理

chapter 6

第六章　思维引导

把思想装进他的脑袋

chapter 7 第七章 强势掌控

高级驾驭，让对方心甘情愿行事

chapter 8 第八章 弱势逆袭

绝妙逆转，“四两”也能拨动“千斤”

第一章

chapter 1

瞄准狙击

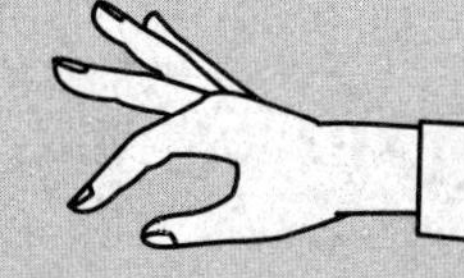

人性弱点永远是最佳突破点

贪婪是祸端，是最致命的弱点

庄子言：“贪财而取危，贪权而取竭。”欲望是人之常情，但若不加节制，放纵贪婪，则会招致祸患，带来毁灭。别让贪婪成为你身上最致命的弱点。

《梁书·到溉传》中有一则故事：某天夜里，主人与客人坐在院中乘凉，天非常黑，唯有一支蜡烛闪着光亮。此时，忽见一只飞蛾扑打翅膀而来，绕着烛光飞舞，越来越近，不论主人如何驱赶，都不肯离开，甚至不顾一切地朝着火

焰扑去。最终，飞蛾的翅膀被滚烫的烛火灼伤，它无力地跌落在地。

主人感叹说："飞蛾是多么愚蠢，火能烧身，它却还不顾死活地一头扎进去！"

客人也叹息道："人又何尝不是如此呢？为了贪图利益，竞相追逐，犹如飞蛾扑火。"

贪婪是祸端，是人性中最致命的弱点。早在千百年前，老祖宗就已经告诫过世人无数次，但时至今日，依然有许多人在贪婪的驱使下，犹如飞蛾扑火一般，争先恐后地跃入欲望的深渊，让本该美好的明天坠入黑暗，走向毁灭。

你或许听过这个名字——亚当·诺依曼，一个英俊帅气的年轻人，一个仅用15年就从一文不名到创下3000亿元人民币资产神话的商业奇才，然后又在一夜之间跌落神坛。

2008年，两个创业失败的年轻人在天台借酒浇愁，回忆往昔，他们一个名叫亚当·诺依曼，一个名叫米格尔。他们谈起学生时代与好兄弟同住一个屋檐下的快乐和热闹，两人开始畅想，如果时光能倒流，再经历一次夏令营一般的集体生活，那该是件多么美妙的事情啊！

这样的感慨，想必很多人都曾有过，但对于大多数人来说，这样的念头也就如同流星划过一般，感慨完就抛诸脑后了。可亚当不同，在闪过这样的念头之后，他突然产生一个想法：为什么不把这样美好的记忆用另一种方式变为现实呢？如果能把群体生活的概念纳入工作之中，会不会有巨大的惊喜？

依据这个灵感，亚当提出了共享办公空间的理念——在一幢大楼里，不同公司的人混在一起上班，大家可以互惠互利、取长补短。大楼中各项设施配备齐全，大家可以在这里一起上班，一起休闲，互相帮助，打造一个现代版的合作公社！

正是这个绝妙的主意，让亚当和米格尔开启了他们充满传奇色彩的创业之路，商业神话WeWork应运而生。

简单来说，WeWork的运营模式是将模块化的办公空间短租给小公司或自由职业者。这种灵活办公的模式受到许多年轻创业者的青睐。要知道，美国那时经济不景气，很多人遭受事业的重创之后，对大公司失去信心，更愿意选择自己创业，这种模块化的短租服务让他们最大限度地降低了购房或租房的资金成本。

就这样，时代背景的催动，结合亚当·诺依曼超凡的口才与独特的人格魅力，许多投资大佬甘愿为 WeWork 注资，将它一步步推上神坛。亚当·诺依曼成为商场新贵，身价节节攀升。

在一次聚会上，亚当结识了一个名叫丽贝卡·帕特洛的富家千金，两人很快就步入婚姻的殿堂。之后，在岳父的支持下，亚当的事业更是发展得如日中天，一步步走上人生巅峰。或许正是因为感念帕特洛一家的帮助，亚当对妻子有求必应，满足她的一切需求。

两人婚后生育了六个孩子，丽贝卡为每个孩子都配备了两个保姆，亚当则早早就为每个孩子购置了一套别墅，建立了足够他们挥霍一辈子的信托基金。

虽然过着奢侈挥霍的生活，但丽贝卡并不甘心只做一个富太太。尽管她不是一个能吃苦的人，却十分有野心，一直希望能够在事业上获得成功，得到认可，只是与她的野心和贪婪相比，她的能力显然不足以支撑这一切。

为了打造“女强人”的形象，丽贝卡四处买公司、做投资，但很显然，她的能力和眼光都不怎么样。后来，她甚至直接提出要进入 WeWork 的管理层。离谱的是，亚当不仅答应了这个要求，还专门为她设置了一个“公司品牌和影响力总监”的新职位，她每天的工作就是监督员工，不允许他们吃肉，因为她是一个素食主义者。

相比丽贝卡在公司的“作威作福”，这对夫妻最令人感到震惊的是，他们在数年中竟然一直都在利用公司中饱私囊。比如，他们早早就将“We”开头的很多网络域名注册到了自己名下，再让公司花费数百万从自己手上买下；早早就炒卖地皮，再转手以房东的身份和公司签下租赁合同等。

最终，这家缔造了商业奇迹的新兴公司正式宣告破产，其巅峰时期估值曾

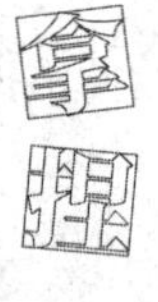

达到400多亿美元，相当于3000多亿元人民币的资本，也在一夜之间蒸发了。

亚当·诺依曼缔造了一个奇迹，而人性中的贪婪最终又将他扯下了神坛。真的是起于微末，终于微末，无节制的欲望终将让人走向灭亡，犹如飞蛾扑火，灰飞烟灭。

贪婪是祸端，是人性最致命的弱点，不懂得节制欲望的人，终将会为贪婪所累。若你能学会管理欲望，遏制贪婪，这将成为促使你不断前进的动力。当然，如果你能抓住对手的贪婪，这也将成为你攻克对方的最佳突破点。

头脑发热，必然破绽百出

在所有的较量中，若想提前知道谁输谁赢，大多数情况下只要看一个指标就够了——谁先头脑发热，开始意气用事，谁就离输不远了。

头脑发热意味着什么？意味着此人已经放弃了全部的理性判断，只剩下蛮干，这样的人，安能不败？

魏蜀吴三国鼎立时期，刘备因关羽被杀而头脑发热，带领军队攻打吴国，这便注定了他的失败；隋炀帝从父亲手中接过了一个富有而强大的国家，但随着他头脑发热，不管不顾地发动远征，他便输掉了整个国家……

1449 年，盘踞在大明北部疆界之外的瓦剌部首领也先率领军队侵犯大明疆界，明英宗朱祁镇决定御驾亲征。

明英宗之所以决定亲自出马，一个很大的原因是他手下有个叫王振的大太监，天天拍马屁说皇帝英明神武，只有御驾亲征才能展现他的才华。明英宗被夸得头脑发热，忍不住想要跃马疆场了！

当时许多大臣都反对皇帝出征，但意气用事的明英宗独断专行，带领着 50 多位文武大臣和 25 万大军，浩浩荡荡地出发了。

刚走到长城以北，前线就传来消息 —— 也先的军队主动后撤了，好像要逃走。王振抓住机会又是一顿马屁，说也先见了皇帝的大军，不战而退，足见他怕了皇帝，皇帝应该果断追击。但是有人提出反对意见，说："敌人很可能是在诱敌深入，小心中了圈套。"可是，头脑发热的明英宗已经失去基本的判断力，他听信王振的话，决定向北追击。

大部队向北走了没多远，就遭到敌人伏击。从来没经历过战争的明英宗顿时慌了神，派手下 3 万人去迎战，自己则带着大部队撤退。

那 3 万人很快被敌人击溃。明英宗得知消息后，带领军队跑到了一个叫土木堡的地方。此时，明英宗的头脑依然是"热"的，只不过之前是被马屁拍热的，现在是被敌人吓热的 —— 他已经变成一只惊弓之鸟。

也先的追兵来到土木堡后，谎称希望可以议和，还说会主动撤兵。人家是战胜方，凭什么主动议和，凭什么撤兵，这明显就是在使诈。但此时的明英宗已经完全丧失判断力，他居然天真地相信了敌人，随即下令：全军返回长城以南。

正当明英宗放松警惕之时，也先带领大军发动突然袭击。这一仗，大明军队虽然人数众多，但是在毫无作战经验的明英宗的指挥下，无法发起有效反击，惨遭大败，明英宗本人也成了也先的俘虏。

历史上将明朝的这次大败称为"土木堡之变"。这场战争，对明朝的影响非常大，不仅皇帝成了俘虏，甚至差点逼得明朝迁都。这场战争本来不应该发生，只因明英宗一时头脑发热，做出了许多意气用事的荒唐决定，才导致了如此严重的后果。

头脑发热，其实可以分为两种状况：一种是盲目乐观，忘乎所以，觉得自己无所不能，因此看不到事情的复杂性和专业性，自然是要招致失败的；另一种是被骤然发生的事情刺激到了，顿时陷入某种情绪中难以自拔，此时的人根本无法做出全局的、通盘的考虑，昏招迭出，最终惨败。

所以，想要避免头脑发热，我们就要在任何时候、做任何事情时都保持敬畏心，不要得意扬扬地觉得“这件事我手拿把掐，闭着眼睛也能做好”。

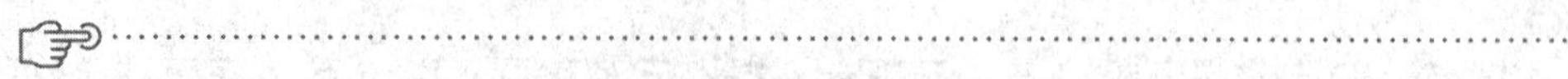

一个成熟的人应该知道：世界上没有一件事，有百分之百做成功的把握。还有，我们在失意的时候，也应该保持理性，要做到得意不张狂、失意不沮丧。

迁怒是最无用的发泄、最致命的漏洞

迁怒，是愚者的标签、弱者的象征。

迁怒者，非蠢即弱。

愚者的迁怒，是因为他找不到矛盾的关键，看不清问题的核心；弱者的迁怒，是因为他惧怕与强者的竞争，只能挥拳向更弱者。

明世宗朱厚熜，也就是人们常说的嘉靖皇帝，本来是个极有作为的皇帝，但后来性情大变，一心追求长生不老，每天忙着在皇宫里炼丹，还盼着神仙下凡，赐给他不老的仙术。

古往今来，哪个皇帝能长生不老？哪种仙丹吃了能立刻飞升？所以，嘉靖皇帝的愿望自然是一次又一次落空。极度失望的嘉靖皇帝开始迁怒于身边的宫女，动不动就用严厉的刑罚惩戒宫女，所以史书上记载说：“世宗性卞，待宫人多不测，宫人惧。”意思是说，嘉靖皇帝性格比较急躁易怒，对待宫女们的手段也暴躁，宫女们很怕他。另外，史书上还说：“皇帝虽宠人，若有微过，多不容恕，辄加棰楚。因此殒命者，多至二百余人……”也就是说，嘉靖在位的时候，死在他手里的宫女，有两百人之多。

一天，有一个叫杨金英的宫女发现了一件让她毛骨悚然的事情——自己负责饲养的一只乌龟死掉了！这只乌龟不一般，叫五色神龟，是地方上进献到皇宫的宝贝，嘉靖还指望通过五色神龟与神仙取得联系呢！

虽然乌龟寿命比较长，但是人工饲养的话，难免会有生老病死的现象，不能说全是宫女杨金英的责任。但杨金英知道，嘉靖一定会因为神龟死亡而迁怒于她，到时候难逃一死。于是，杨金英开始密谋暗杀嘉靖皇帝。她联络了十几位宫女，一起来做这件事情。

嘉靖皇帝平时太喜欢迁怒于身边人，所以，许多宫女对他恐惧到了极点。从心理学的角度来讲，恐惧到了极点，就会转化为愤怒，即便是柔弱的宫女，在长期愤怒之后，也会爆发出铤而走险的勇气。所以，当杨金英和身边人说自己要暗杀嘉靖时，那些人纷纷表示：“我愿意和你一起做这件事情！”

嘉靖二十一年（1542）十月二十一日，深夜时分，嘉靖正在熟睡，杨金英带着十几个宫女悄悄打开寝宫大门，一帮人用绳子勒住嘉靖的脖子，将他死死压在床上。嘉靖眼看就要窒息而亡，但杨金英毕竟是个小姑娘，以前哪干过这种事，用绳子套住嘉靖的脖子之后，竟然打了个死结，所以无论她如何持续用力拉绳子，没有让他完全窒息。

十几个宫女中，有一个人见嘉靖怎么也不死，顿时慌了神，掉头就跑。这个跑掉的宫女为了将功赎罪，竟跑到皇后那里，把宫女们暗杀嘉靖的事儿一五一十地全说了。皇后赶紧派人解救嘉靖，嘉靖这才死里逃生。

皇帝被宫女暗杀，是中国历史上少有的闹剧。很多人认为，宫女们暗杀行为的起因，并不是“养死神龟，害怕责罚”这么简单，而是背后有人指使。但

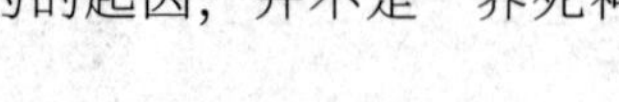

即便有人指使，这件事的根本原因还是要从嘉靖自己身上找——若不是他习惯于迁怒宫女，宫女们岂敢受人指使去杀皇帝？要知道，这种行动不管成功与否，参与者的下场都是满门尽灭，宫女们绝不可能因为被人收买或威胁而去暗杀皇帝。只能说如果背后真的有人主导了这场暗杀行动，他也是抓住了嘉靖喜欢迁怒宫女的这个弱点，利用宫女们的愤怒组织她们实施了此次暗杀行动。

嘉靖的种种行为，是一种非常典型的迁怒——因为对强者无可奈何，便拿弱者撒气。嘉靖拿神仙没有办法，也不敢对神仙撒气，所以便将怒气都释放到身为弱者的宫女身上。嘉靖以为，宫女身为弱者，自己即便无端迁怒于她们，她们也无可奈何，殊不知“布衣之怒”也能带来致命打击。

生活中绝大多数的迁怒行为，其实都有类似的特点——被领导骂了，回家和老婆吵；生活不如意，被人看不起，便欺负没有反抗之力的孩子；遭到上级的批评后，便无端指责下属……这种无用的迁怒，是极其愚蠢的行为。要知道，即便是在你看来毫无威胁的人，也不应该无端招惹，毕竟泥人还有三分土性。而且，许多迁怒行为的对象都是身边人，他们往往是我们最亲近的人，本是我们最不应该伤害的人。从后果上来讲，迁怒身边人的代价往往也是最大的。

我们绝不应该迁怒于人，尤其不该迁怒于身边人，这是一个心智健全的人应该有的做人底线。

志得意满，乐极生悲

志得意满，难免滋生傲慢，自认为高高在上，乐在其中，因此失去了理性判断，多了些骄傲放纵，最终导致失败，乐极生悲。

诺基亚，曾经的手机王者。在诺基亚辉煌的时候，世界上只有两个手机品牌，一种叫诺基亚，一种叫其他。当时，诺基亚在手机市场上的占有率超过40%，基本上每两个手机用户，就有一个人用的是诺基亚。自 1994 年到 2011 年，诺基亚连续 14 年稳坐世界手机销量第一的宝座，是当时手机界无可争议的霸主。

诺基亚的产品线非常丰富，从几百块、一千块的入门机，到数千元、上万元的高端机，全部都有。无论是商界精英，还是普通百姓，可能都曾是诺基亚手机的忠实用户。

当时如果有人说“诺基亚会在很短时间内被‘打倒’，成为手机行业中的一个无足轻重的品牌”，恐怕没有人敢相信。但就在 2011 年下半年，蝉联 14 届霸主的诺基亚被苹果和三星双双超越，之后仅仅过了 3 年时间，在 2014 年 4 月 25 日，走投无路的诺基亚只好把自己卖给了微软，退出手机市场，从此一蹶不振。

诺基亚之所以轰然倒塌，其实是因为在辉煌时志得意满，导致了最终的乐极生悲。

回想当年，当苹果推出第一款大屏智能手机时，许多人意识到 —— 这才是手机产品未来的发展方向，但是诺基亚不这么认为，他们傲慢地认为，苹果只是一个“后起之秀”，用一款“奇怪”的手机博人眼球罢了。

当时诺基亚站在自己的角度评判苹果手机和三星手机时，给它们找出了许多缺点：

耗电量巨大，每天都要充一次电，用户怎么可能接受？

太不结实，摔到地上大概率会坏掉，哪像我们诺基亚的手机那么结实！

对于苹果和三星的最大优点 —— 智能系统，诺基亚也是不屑一顾。他们认为，既然消费者可以接受三星的安卓系统、苹果的苹果系统，那我诺基亚推出自己的系统，消费者也一定会接受。

但问题是，当时苹果系统和安卓系统已经足够成熟，占据了许多市场空间，诺基亚随后慢慢悠悠地推出了自己的系统，还是一个不那么成熟的系统，可他们依然认为自己可以击败安卓和苹果，为什么呢？因为傲慢！诺基亚认为，自己是全球第一的手机品牌，无论做什么，消费者都必须“接受”。

一个品牌，傲慢到不想去适应市场，总想着让消费者适应自己，它的失败也就不远了 —— 随着诺基亚推出的智能手机被消费者抛弃，而智能手机又在短时间内统治了手机市场，诺基亚倒下了。

纵观历史，我们其实可以发现许多类似的例子 —— 在最辉煌的时候，突然被击败，然后一蹶不振。这背后的原因是一致的 —— 取得辉煌时，志得意满，得意忘形，认为自己做什么都是对的，别人做什么都不可能威胁到自己，因此暴露出来的弱点越来越多，最终被对手“一击毙命”。

一个人什么时候是最脆弱的？很多时候恰恰是他最辉煌的时候。如果他在最辉煌的时候迷失了自己，那么正好是竞争者出手的好机会。因为那个时候的他们，往往疏于防范，因而最容易“中招”。

疑心生暗鬼，空城能退敌

多疑和谨慎不同。谨慎的人，是根据事实做出比较稳妥的判断，他们虽然也常常持有怀疑态度，但必然是基于事实和逻辑的怀疑。而多疑之人，往往“无中生有”，他们有受害者心态，常常觉得“总有刁民要害朕”。

威廉·肖克利是一个天才科学家，同时也是一个成功的企业家，曾经无比辉煌，最终却因为“疑心病”被利用，惨遭失败。

1932年，肖克利毕业于加州理工学院，1936年加入了著名的贝尔电话实验室，从事物理学研究。1947 年，肖克利发明出了点接触晶体管，第二年，又发明了一种全新的、很耐用的结型晶体管，并在之后不断改进，发明出著名的双极结型晶体管，也就是我们俗称的三极管。

1955 年，肖克利离开贝尔实验室，创办了自己的半导体公司 —— 肖克利实验室股份有限公司。他的公司位于旧金山山景城圣安东尼奥路 381 号的产业园内。这个地方后来有个更著名的称呼 —— 硅谷，可以说，肖克利是硅谷的奠基人之一，是当之无愧的硅谷元老。

公司成立后，雄心勃勃的肖克利招募了许多年轻人才，但奇怪的是，每一个想要进入他公司的人，都需要先通过一项心理测试，原因是肖克利害怕这些年轻人是竞争对手派来的商业间谍。肖克利多疑的性格可见一斑。

在工作中，肖克利会将所有员工的通话记录都保存下来，而且不允许员工之间分享研究成果。为了保证员工的忠诚，他甚至会召集所有人对他们进行测谎实验。这自然引起了大家的不满。

后来，有人利用肖克利这种多疑的性格，号召他公司的员工集体辞职，最终，有 8 名员工跳槽。这 8 个人创办了著名的仙童半导体公司。

肖克利对这 8 个人自然恨之入骨，给他们起了个绰号叫“八叛徒”。事实上，这 8 个人都是非常有能力的，他们分别是罗伯特·诺伊斯、戈登·摩尔、布兰克、克莱尔、赫尔尼、拉斯特、罗伯茨和格里尼克。这些名字，日后都在美国半导体界如雷贯耳。其中，罗伯特·诺伊斯与戈登·摩尔更是取得了非凡的成就。从肖克利的公司出来之后，罗伯特·诺伊斯与戈登·摩尔一起创办了英特尔公司。另外，摩尔还提出了一个非常著名的摩尔定律 —— 处理器的性能大约每两年翻一番，同时价格下降为之前的一半。这个定律直到今天，还是半导体行业的金科玉律。

由于疑心病，肖克利逼走了一帮极富天才的年轻人，靠自己当然不能始终走在行业前端，所以，肖克利的公司慢慢地在竞争中落了下风。1960 年 4 月，肖克利的公司被出售，他也从一个学术明星、商业天才变成硅谷失败者。

有些人天生缺乏信任别人的能力，这便是他们最大的弱点。因为他们从不信任别人，而且更倾向于相信“身边有人要害我、背叛我”等信息，所以非常容易受人挑拨。

捧杀——以下克上的好方法

欲使人灭亡，必先使其疯狂。所以，历史上有许多人会采取捧杀战术——将对手抬到一个本来达不到的高度。人在不属于自己的高度上是站不稳的，迟早会掉下来。等他掉下来那一瞬间，由于站得太高，自然伤得更惨。

王浚，西晋人，是骠骑将军王沈的私生子。

王沈并不承认王浚的继承人身份。王沈死后，因为没有其他儿子，王浚这个不被承认的私生子便继承了王沈的家业和爵位，一举成为权倾朝野的人物。

西晋末年，五胡乱华，王浚偏安一隅，成为割据一方的诸侯，控制着整个幽州。

幽州以南是冀州，那里有个大军阀叫石勒，占据着一大片土地。石勒是个很有野心的人物，想要吞并王浚的地盘，于是便向谋士张宾问计。

张宾说："王浚虽然名义上是朝廷的臣子，但他早就想自立为王了，只怕天下英雄不服。我们不如暂时归顺他，极力吹捧他，引诱他自立为王，到时候，天下人都会进攻他，我们便可以趁机夺取他的地盘！"

石勒采用了张宾的计谋，向王浚献上大量金银财宝，还说："您现在实力强大，坐镇一方，为什么要向朝廷称臣呢？不如自立为皇帝，到时候我一定支持您！"

当时王浚还稍微有些理智，没有马上听取石勒的建议。石勒又给王浚写了一封信，信中说："我是个胡人，戎族的后裔。我们这个部落，在晋朝纲纪松弛、海内饥饿暴乱、百姓流离困厄时，逃命到冀州，只希望有个可以安身立命的地方。现在，晋朝已经快要灭亡了，国家没有主人，所以百姓流离失所，天下人都一起受苦。放眼天下，只有您有实力、有威望，可以登高一呼、天下归心，其他人都没这个本事。您如果有心当皇帝，我石勒愿意给您当马前卒，去消灭那些敢于违抗您的人。我真心把您当再生父母，希望您也能像父母对待孩子一样对待我。"

王浚见石勒把自己夸上了天，心里头自然很受用，但他还是觉得石勒作为一个诸侯，如此吹捧自己，恐怕是别有用心，于是便问石勒派去的使者王子春："你家主人石勒也是一个豪杰，现在还占据着天底下最重要的地盘，完全可以称王称帝，为什么还要向我来称藩，他是不是有什么阴谋？"

使者王子春赶紧说："没这回事儿，我们石将军的确有些才能，但是他自认为和您没法比。现在，胡人和汉人都愿意臣服于您，就这一点，我们石将军就甘拜下风了。石将军之于明公，就如同月亮之于太阳，江河之于沧海。而且，从古到今，胡人最多也就是做个名臣，哪有称王称帝的？石将军归顺您，那是顺应天意啊！”

这番马屁拍下来，王浚再也矜持不住了，开始膨胀起来，准备自立为帝。

第二年三月，石勒又给王浚写信，表示要亲自率领大军，去幽州觐见王浚，支持王浚称帝。王浚全无警惕心，答应了石勒的请求。

有人对王浚说：“石勒带着大军来到咱们地盘上，他要是有异心，突然发动袭击，咱们可挡不住，不如拦住他，禁止他的大军入境。”

这个时候的王俊已经被石勒捧杀到得意忘形了，说：“石勒是来拥戴我的，难道会有二心吗？谁也不许阻拦他。”就这样，石勒带着大军，大摇大摆地穿过幽州疆界，来到幽州城下。王浚的手下还给石勒打开城门，把大军放进城来。

石勒的军队一进入幽州，立刻发动突然袭击，斩杀幽州兵一万多人，还把王浚给活捉了。王浚的心情从高处骤然跌落，情绪失控，大骂石勒叛逆，但石勒只说他愚蠢，随后便把他杀死了。

石勒用微乎其微的代价打败了比自己强大的王浚，使用“捧杀计”是个关键。捧杀计能够奏效的一个重要原因，在于人性中一个难以根除的弱点——大多数人只愿意听对自己有利的话。

所以，我们可以看到，王浚一开始还对石勒的捧杀有所戒备，可能也意识到石勒这样说是别有用心，但他还是想听，并没有让石勒闭嘴，而后听着听着，就信了。

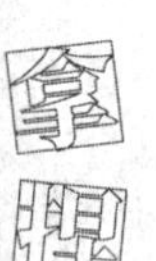

好听的话要多说，但最好少听。人家捧你，无论有没有恶意，听得多了，自然就会“信其有”，一旦听信了那些过分吹捧的话，便会失去对自己的客观认识，很难做出正确的抉择了。

人总会多次踏进同一条河流

“人类从历史中学到的唯一教训，就是人类无法从历史中学到任何教训”，这句黑格尔的名言，说的是那些不长记性、记不住教训、总是在同一片水域“翻船”的人。

不幸的是，这类人是人类中的大多数。

幸运的是，如果你能够学会总结经验、铭记教训，便可超越“大多数”。

人总是被相同的错误“惩罚”，归根结底是因为四个字——贪心不足。要知道，贪心不足本就是人性中无法被根治的弱点，它无法完全被克服，只能有限地被克制。

大多数人就像水里的鱼一样，看到美味的鱼饵，就忍不住想上去咬一口。一条鱼，就算它被钓起之后又被人扔回水里，下次再碰到鱼饵，明明知道那很危险，却还是克制不住“上钩的冲动”。所以我们可以看到，在许多知名的垂钓地点，会有所谓的“名鱼”—— 它们屡次被不同的人用相同的鱼饵捕获。

鱼要面临鱼饵的诱惑，我们作为人，身边其实也存在各种各样的“饵”，区别在于，有人在持续地下饵，有人一次又一次地上钩……

历史上有个人叫郭开，是个贪得无厌的大奸臣，却常常被人戏称“战国第一战神”。因为他以一己之力，“废”了赵国两大名将 —— 廉颇、李牧。这是秦国名将白起、王翦等人想都不敢想的“丰功伟绩”。唯一美中不足的是，郭开作为赵国人，废掉的都是自己国家的将领，他的行为最终也导致了赵国的灭亡，他因此不得善终。

郭开之所以要对自己国家的名将下手，原因只有四个字 —— 贪心不足。

郭开作为赵国重臣，非常贪财，利用职权四处敛财。他的种种行为，引起了赵国名将廉颇的不满。廉颇经常斥责郭开，郭开怀恨在心，便在赵王面前说廉颇的坏话。当时的赵悼襄王也是个昏君，听信了郭开的谗言，剥夺了廉颇的军权。

不久，秦国攻打赵国，赵军节节败退。赵悼襄王想要重新起用廉颇，便派使者查看廉颇的情况。郭开生怕廉颇重新掌握大权，断了自己的财路，便贿赂使者，让他说廉颇的坏话。使者被收买，对赵王说：“廉颇已经老糊涂了，无法带兵。”于是，赵国彻底失去了一位可以力挽狂澜的将领。

赵国虽然损失了廉颇，却仍然有名将李牧可以对抗秦国。在之后的战争中，李牧镇守边关，抵挡住了秦国的强大攻势。

秦国宰相李斯知道郭开是个贪财的人，便决定利用他的这一“软肋”除掉李牧。李斯派使者暗中找到郭开，送给他大量金银珠宝，让他在赵王面前去说李牧的坏话。

李牧是国家的栋梁之材，是赵国抵挡秦国的盾牌，也是赵国人安居乐业的

“守护神”，这个道理郭开不是不知道，但是面对秦国人送来的金银珠宝，他还是动心了，答应了秦国的条件——郭开的弱点，彻底被李斯拿捏！

之后，郭开在赵王面前说：“李牧拥兵自重，有造反的心思。”

赵王也是个不长记性的人，再次听信谗言，竟然杀死了李牧。李牧作为战国四大名将之一，征战沙场几十年，没有死在敌人手上，却死在了贪得无厌、不长记性的郭开与赵王手中，可悲可叹。

李牧死后，赵国失去抵挡秦国的能力，很快被灭国。郭开作为叛徒，也没有落下好下场，据说，他后来被秦国军队用极其残忍的方式处决了。

仔细观察周围的人，你会发现，大多数人总是会犯同一类错误——马虎的人总是丢三落四，急躁的人总是意气用事，犹豫的人总是瞻前顾后……但大多数人最常犯的也是最严重的错误是：在利益面前，贪得无厌，只顾眼前，不顾身后。

对于大多数人而言，利益诉求反而成了很容易被拿捏的软肋，而那些善于利用人性弱点的人，就如同钓鱼高手，特别擅长根据对方的弱点下饵，用一点点利益去影响别人的行为。

瞄准对手的惯性思维

惯性思维，在大多数时候，是一条捷径，可以让我们轻松排除那些已经被经验否定无数次的错误道路。但有些时候，惯性思维却会变成一座牢笼，把我们圈禁在所谓的经验中，无法突破陈规。

1799 年，拿破仑开始担任法国第一执政官，成为法国的实际统治者。

刚刚上任的拿破仑，需要处理一件极其棘手的事儿 —— 法国与奥地利帝国的战争。

当时，奥地利帝国和其他几个欧洲国家一起组成了“第二次反法同盟”，该同盟要求法国恢复君主制。法国的革命政权者自然不肯答应，于是双方大打出手。

在意大利地区，法国和奥地利帝国展开战争（当时意大利被奥地利帝国所统治），而法国军队在对手的强大攻势之下眼看就要支撑不住了。

为了扭转战局，拿破仑决定亲自率领一支军队，进军意大利。在法国和意大利之间，有两条山脉阻隔，一条是亚平宁山脉，一条是阿尔卑斯山脉。其中，阿尔卑斯山脉是欧洲的最高山脉，山脉呈弧形，长约 1200 千米，宽 130 千米～ 260 千米，平均海拔约 3000 米，总面积大约为 22 万平方千米。其中有 82 座山峰超过 4000 米的海拔，最高峰是勃朗峰，海拔 4810 米。阿尔卑斯山道路崎岖难行，道路险峻之处仅容一人通过。

由于阿尔卑斯山脉太过险峻，所以在历史上，法国军队进入意大利，多会选择穿越亚平宁山脉，从来没走过阿尔卑斯山脉。

对于奥地利帝国的将军来说，“拿破仑会率领法国士兵从亚平宁山脉打过来”已经成为一种惯性思维。拿破仑敏锐地捕捉到对手的这一思维惯性，他决定用这一点来拿捏一下对手 —— 你认为我绝不会走阿尔卑斯山脉，我偏偏就从那儿走。

不久，拿破仑亲自率领 37000 人的部队，开始了人类史上非常著名的军事冒险行动。为了多争取时间，给敌人一个出其不意，拿破仑率领军队抄近道越过圣伯纳隘道，进入意大利北部，成功翻越了阿尔卑斯山。

由于拿破仑的行动完全出乎奥地利帝国军队的预想，所以他们的战争部署完全被打乱，拿破仑赢得了最终的胜利。

在越是关键的竞争中，惯性思维带来的负面作用往往越大。因为在激烈的竞争中，竞争对手往往会采用一些超常规的手段，如果你此时还沉迷于以往的经验，一板一眼地去做事，一定无法招架不按套路出牌的对手。

反过来讲，如果你能在竞争中找到对手一定的惯性思维，也就相当于找到了对手的一个弱点。在知晓了对手的惯性思维之后，你可以轻松预判出他下一步会采取什么样的行动，这就相当于在下棋的时候提前猜出了对手下一步会在哪儿落子，胜算当然会变大！

某发动机企业的一名业务员某天接到客户电话，对方说："你们的发动机有问题，我以后不购买你们的产品了。"

业务员问："什么问题呢？"

客户回答："你们的发动机运行温度太高，我连手都不能放上去。"

大多数发动机在工作时都会产生比较高的温度，不能用手直接碰触，所以客户的话无异于鸡蛋里挑骨头，但业务员没有反驳客户的说法，而是顺着客户的话说："发动机的温度太高，确实有伤到手的安全隐患，所以不管哪家的发动机，必须符合相应的国家标准，对吧？"

客户说："对。"

业务员又说："按照国家标准，发动机的运行温度可以高出室温 22℃，您是这方面的专家，肯定对这个标准了如指掌。"

这番恭维的话让客户很受用，对方说："没错。"

业务员又说："贵厂的厂房是标准化的，设施完备，正常的室温应该稳定在 24℃吧？"

客户自豪地回答："没错，我们的厂房很先进，温度始终维持在 24℃。"

业务员说："您看，您厂房的室温是 24℃，按照国标，那发动机的温度应该在 46℃左右，这个温度确实会稍微有些烫手。所以，其实不是我们的发动机有问题，这是一种正常现象。"

此时，客户已经产生了"对方说的话总是很有道理"的惯性思维，便说道："也对，那我再买 30 台吧！"

这便是如何拿捏惯性思维的妙用。

☞……………………………………………………………………………………。

“经验”不是永恒的，它在过去或许是正确的，但是随着形势的变化，经验也会过时。想要利用对手的惯性思维，就需要反其道而行之——找到对方深信不疑但实际上已经过时的所谓经验。

第二章

chapter 2

精准掌控

给他一个无法拒绝的条件

抓住欲求，才能影响人心

大凡人都有所图，有人图名，有人图利，有人图心安。

图名者，一定会被虚名所累；图利者，必然会被利益驱使；图心安的人，也会因怕麻烦而成为别人手中的棋子。

春秋时，齐景公手下有许多能力很突出的大臣，其中有三个武艺高强的将领，分别是公孙接、田开疆、古冶子。这三人曾经立下许多战功，自然身居高位。

这三人本来就是莽夫，因此有了权力之后，恃功而骄，不把其他大臣放在眼里，有时候甚至敢对齐景公出言不逊。

齐景公想要收拾这三人，但是却不好“下手”，因为他们都是功臣，如果自己现在收拾他们，难免会被人说“过河拆桥”“兔死狗烹”之类的闲话。更何况这三人手中都有兵权，还是结义兄弟，情同手足，万一他们联手造反，国家势必大乱。

不过，齐景公身边有个谋臣叫晏子，这个人很聪明，他知道齐景公早已对公孙接、田开疆、古冶子不满，而他也因为那三人常常轻视自己，对他们心怀怨恨。所以，晏子决定除掉这三人。他找到齐景公，给齐景公出了一个兵不血刃就能除掉这三位猛士的办法。

这天，齐景公把三位猛士请到王宫里来，说要赏赐他们珍贵的桃子，又说这桃子非常稀少，现在只剩下两个了，不知道该怎么办。这时候，一旁的晏子说：“这样珍贵的桃子，只有功劳最大、能力最强的人才有资格吃！到底哪两个人吃，请三位自己决定吧。”

公孙接说道：“我在森林里打死过一头野猪、两只老虎，如此勇猛，总有资格吃桃子吧！”说完拿走一个桃子。

田开疆则说：“我曾率领大军三次抵挡住徐国的进攻，帮助齐国守住疆界，还曾斩杀数十名敌将。正因为有我，周围那些国家才不敢觊觎我国领土。我也有资格吃桃子。”说完也拿走了一个桃子。

古冶子说：“有一次，大王骑马过河，河里突然游过一只巨鳖，把大王的马咬住了，我立刻跳入河中，杀死巨鳖，救了大王和大王的马。这样的功劳难道还不配吃一个桃子吗？”古冶子见状指责他二人不该独占桃子。

公孙接、田开疆听后感到非常惭愧，说：“我们功劳不如他，勇猛不如他，却独占了桃子，太贪婪了，没有脸面再站在大王面前！”说完拔出剑来，自刎而死。

古冶子见他二人都死了，说道：“我们三人乃是结义兄弟，说好了同生共死，如今你们都死了，我也不能苟活于世！”说罢，竟然也自杀了！

齐景公见三人先后自杀，非常感慨，随即下令将他们风光大葬。这便是历史上著名的“二桃杀三士”。

晏子之所以能用两个桃子杀死三位猛士，就是抓住了三人“爱争荣誉”，或者说“好面子”的欲求，然后用两个桃子“操控”了他们的情绪和行为。“二桃杀三士”的故事，对于很多现代人而言，可能觉得有些不可思议，但是在春秋时期，当时的士大夫们非常重视荣誉、尊严和义气，这就是所谓的“士可杀不可辱”。

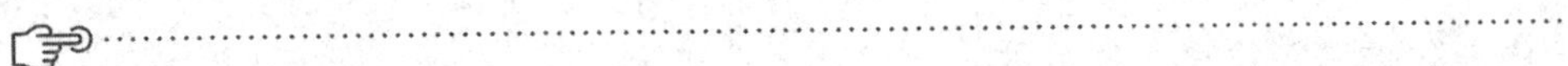

人们在不同的阶段有不同的欲求。想要通过“欲求”去影响一个人的行为，就要结合实际情况，去挖掘对方内心真正的渴望。

对手的贪欲，正是你制胜的转机

世人皆有欲，有欲便有求。抓住欲求，才能控住人心，让对方心甘情愿地朝你希望的地方走。这是阳谋，让人无法拒绝，也无处可躲。

《三国演义》中有这样一个故事：

曹操将汉献帝接回许都后，自封大将军，掌控了整个朝堂。在濮阳败给曹操的吕布则一路逃亡，流落到徐州，被刘备收留，驻军在小沛。

当时，淮南袁术拥兵自重，称霸一方；吕布、刘备二人联手，也是不容小觑。两方着实对曹操构成巨大威胁，让他头疼不已。

面对这样的困境，曹操手下的谋士荀彧经过一番思索，为他献上了“驱虎吞狼”的计策。

首先，荀彧让曹操给袁术写一封信，跟袁术说刘备即将带兵攻打他，抢他的地盘。接到这封信之后，袁术必定会非常生气，即使没有立即相信，也一定会做好防备。

然后，荀彧又让曹操借天子之诏，为刘备正名，承认他的合法性，并假天子诏，下令让他以汉臣的身份讨伐袁术。刘备这人，一心向汉，自然不会拒绝天子的命令，肯定会率军攻打袁术，这样一来，二人必定会结下仇怨。

那么，这二人结仇，和吕布又有什么关系呢？这实际上正是这一计策最精彩之处！

众所周知，张飞曾嘲笑吕布是“三姓家奴”，因为吕布本身姓吕，其父亲早逝后，他便认并州刺史丁原为义父，后来被董卓利诱，杀死丁原，投降董卓之后，又拜董卓为义父。古代讲究从一而终，可吕布却有一个生父、两个义父，历经三姓，故而被张飞嘲笑是“三姓家奴”。

吕布逃离长安之后，还先后投奔过袁术、袁绍、张扬、张邈，最后都因为个人利益而选择离开。由此可见，他这人着实是反复无常、自私自利，没有什么仁义道德之心。这样一个人，又怎么会对刘备很忠诚呢？

荀彧正是看透这一点，精准抓住吕布人性中的弱点，才笃定地下判断，认为只要挑起刘备与袁术之间的争端，吕布必然会趁此机会生出异心，背刺刘备。

事情也确实如荀彧所料。当刘备服从命令，率领人马前往讨伐袁术，与之在盱眙对峙的时候，吕布接受了袁术的重金利诱，趁着徐州兵力空虚，迅速反水，占领徐州，给了刘备狠狠一记背刺。之后，由于袁术并未兑现给吕布的粮草和黄金，二人也有了龃龉。

就这样，荀彧仅仅凭借一封密信和一道伪诏，就成功离间了刘备和吕布，让他们反目成仇，并将原本置身事外的袁术也拉入局中，挑起三人之间的矛盾，为曹操势力的扩张营造了一个良好的局面。

荀彧计策的成功，关键就在于他对袁术、刘备与吕布三人的性格特征及心理状态有着精准的把控，抓住了他们各自的欲求。刘备对汉室忠诚，故而不会拒绝天子的诏令；袁术逞强好胜、狂妄自大，又看不起刘备，故而会因刘备的“冒犯”而怒火中烧，不惜大动干戈；吕布则贪婪自私，目光短浅，一点蝇头小利就能让他背信弃义。

在荀彧的计策中，吕布是目光短浅的虎，刘备是身不由己的狼，袁术则是挑起他们相互争斗的一双“手”。

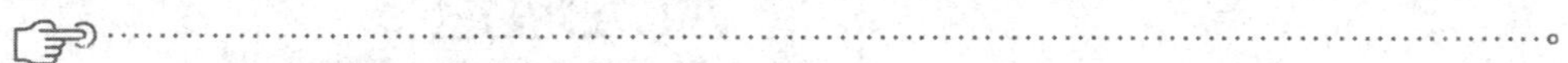

世人皆有欲求，欲求是人行事的最大催动力。而内心最大的欲求，就是最令人无法拒绝的价码，只要找准欲求，付对了价码，就能将一切掌控在手。

阳谋——规则之内堂堂正正赢

阳谋是“圣人的武器”，因为它既能达到目的，又不伤自己的名望和德行。阳谋之所以能奏效，是因为它设计了一条对方必须“自愿”走的道路，这条路要走到哪，则是由设计者决定的。

加班通道

自愿加班的人往这边来！

比阴谋更可怕的，是阳谋啊！

古代的皇帝虽然执掌天下，但他们有一件很头疼、难解决的事——藩王（诸侯王）拥兵自重。

古代信息传输效率低，皇帝不可能坐在皇宫里把天下的大事小情都管好，这个时候就有了分封制度——皇帝把国家分成几个小块，然后派儿子或心腹分别治理。这些分封到各地的皇子或心腹，便是所谓的藩王（诸侯王）。

藩王在自己的地盘上几乎就相当于“土皇帝”，而且，藩王的爵位是可以一代传一代的。起初，由于藩王们是皇帝的儿子或心腹，还比较好控制，但几代人过后，藩王和皇帝的关系越来越远，许多人就会动“心思”——做一个小地方的土皇帝多没意思，为什么不把皇帝赶下去，自己做真皇帝！因此，历朝历代，藩王造反的事情屡见不鲜。春秋战国的诸侯王大混战，晋朝的八王之乱，明朝的朱棣南征，都是藩王作乱的典型。其中，朱棣还大获成功，把侄子赶下皇位，自己成了明成祖。

汉朝也存在藩王作乱的可能性。当年刘邦建立汉朝之后，分封了许多藩王，其中有许多是帮助刘邦夺取天下的功臣，比如赵王张耳、长沙王吴芮、淮南王英布、燕王臧荼、楚王韩信、梁王彭越、韩王信等。除了这些功臣之外，大多数藩王是刘邦的儿子、亲戚。

刘邦死后，汉朝江山一代传一代，等到了刘邦的孙子汉景帝继位的时候，藩王们就成了皇帝的心腹大患——这些藩王割据一方，手下有兵、有人、有钱，有些人甚至不把皇帝放在眼里。于是，汉景帝强势“削藩”，就是剥夺藩王们的特权。结果，那些藩王连皇帝的命令也不愿意执行，七个藩王联合起来造反，史称“七王之乱”。

虽然最后汉景帝成功平息了“七王之乱”，但是他的削藩计划也落空了。

汉景帝死后，汉武帝继位，他也想要削藩，但是有了父亲的教训，知道靠蛮力削藩是不可取的，很有可能引起国家动荡。这时候，汉武帝手下的大臣给汉武帝献上了一个历史上著名的阳谋——推恩令。

所谓推恩令，就是将以往藩王的“长子继承”制度改为“多子继承”。之前，藩王死后，他的领地由长子完全继承，而现在藩王死后，不仅长子拥有继承权，他的二儿子、三儿子都有权继承父亲留下的封地，如此一来，就变成了一块封地多个人分。经过几代人的继承，那些疆域广阔的大诸侯国便会分解成为一个个的小诸侯国，再也没有能力对抗朝廷、对抗皇帝了。

为什么说推恩令是个了不起的阳谋呢？首先，它是可以放在太阳底下的公开政策，不是背地里搞小动作的“阴谋”。其次，虽然各个藩王都知道推恩令的目的是削弱各诸侯国的实力，但是他们却不能反抗，因为最起码他的儿子们很支持这项政策。如果藩王们反对推恩令，首先要对付的不是皇帝、朝廷，而是自己的儿子们。为了避免父子相残，藩王们即便看出推恩令的用意，也只能乖乖执行。就这样，汉武帝用一个阳谋成功解决了藩王问题，还让藩王们无话可说。

阳谋的本质，是用大家都能接受、都必须接受的规则，去解决棘手的问题。相反，阴谋则是用规则之外的办法解决问题。使用阴谋的人，即便成功，也会背负上很大的包袱，因为阴谋一旦败露，就会遭到反噬。例如秦国的吕不韦，非常有能力，但是喜欢耍阴谋手段，因此虽然他是助嬴政登上王位的大功臣，但最后却被嬴政厌恶，下场极度悲惨。

人们讨厌阴谋家，是因为他们总用不符合规则的方式给自己谋利益，这种人会给他人带来极大的不安全感——谁知道他将来会用什么手段对付我？善用阳谋的人则不同，他们在规则之内用堂堂正正的方式赢取胜利，所以即便是他们的手下败将，也只能承认自己技不如人。这就如同人们下象棋，一个人用规则取胜，另一个人却经常采取偷棋子、多走一步等违反规则的方法赢棋。二人虽然都是赢家，但前者会让人尊敬，后者只能为人所不齿。

用一顶高帽子把他架到火上烤

给人戴高帽子，就如同给人贴了一个他本来触及不到的完美标签，接下来，他将受这个标签指引，去做别人想要他做的事。是别人督促他做更好的自己，还是他被别人所掌控？那重要吗？

有位年轻人，跟师傅学习十年，准备告别师傅，自己去闯一番事业。

分别前，师傅语重心长地对年轻人说：“想要自己创业没那么容易，你告诉我，你要靠什么才能成功？”

年轻人对师傅说:“我准备了一百顶高帽子。”

师傅说:“高帽子?那有什么用?”

年轻人说:“师傅,您有所不知,世上的人们大都喜欢阿谀奉承,有几个人能够像您一样清心寡欲、无欲无求,这么理性,这么正直呢?”

师傅听了这番话,心里很高兴,便说:“还是你了解师傅,既然这样,以后有什么事情,都来找我,我会帮你的。”

年轻人谢过师傅之后,便离开了,出门之后,他笑着自言自语:“这一下,我那一百顶高帽子只剩下九十九顶了!”

这就是高帽子的妙用,它能让人不知不觉间迷失自我,为他人所用。有一位企业经营者,就在“高帽子”下栽了大跟头。

这位企业家之前一直经营社区餐饮,虽然利润薄一点,但是胜在规模大,薄利多销。他手下的一个副手,对目前这种经营状况很不满,但是无奈企业的盈利很可观,所以企业不可能轻易改变经营策略。这时候,副手想出了一个说服企业家改变经营模式的好办法——给他戴高帽!

副手对企业家说:

“您现在是全市知名的企业家了,需要一些高端店面来提升咱们公司的品牌形象。

“咱们可以多招一些人来入股,合办高端酒店,以您的影响力,一定可以一呼百应,到时候甚至可以奠定您在本市餐饮第一人的地位!”

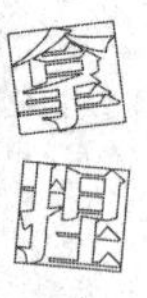

一顶顶高帽戴在头上,企业家逐渐迷失了,于是,他联合了近二十名股东,在原有社区店的基础上,增加了会议、客房、宴会等综合功能,开办起了几家高端酒店。而那位副手,作为这件事的发起者,自然成为其中一家酒店的一把手。

但是,经营社区餐饮和高端酒店毕竟不是一回事,企业家在这个领域没有很多经营技巧。没过多久,酒店经营就陷入困境,最终以失败告终。

这位企业家痛定思痛,意识到:就是因为我爱追求那些虚无缥缈的虚名,才会被人利用，走到了这一天！

高帽子，是把心机裹在蜜糖里的“炮弹”，他的威力太大，甚至很多人被打中之后都没有反应的时间……

给别人戴高帽，成本极其低，但往往能够收获非常好的结果。世上没有一顶帽子，送出去时那么受欢迎，自己戴上时却那般沉重。所以，如何识别、利用生活里的“高帽子”，是所有人都必须学的一门学问。

囚徒困境：以人性铸就的牢笼

有些人无所谓忠诚，眼下的忠诚，可能是因为背叛的筹码不够。

有些人也不相信别人的忠诚，他们宁愿自己承担一个比较坏的结果，也不愿意相信可以通过别人的忠诚换取一个更好的结局。

国外有一档竞技类的节目，赢得最后的胜利，会有一百万英镑奖金。

参与节目的选手经过层层淘汰，最终会有两人走到最后。主持人会给每人两个球，一个球写着“平分”，另一个写着“偷走”，两名选手需从其中选择一个球。

如果两人都选择平分，那么就由两个人平分一百万英镑的奖金。如果一人选择平分，一人选择偷走，那么选择偷走的那个人会独享一百万奖金。如果两个人都选偷走，谁都拿不到一分钱。

按道理来讲，两个人选择平分是最理智的做法，但即便在做选择之前两个人商量好平分，到了真正选择的时候，他们还是会不约而同地选择偷走。为什么呢？因为两人都觉得，即便商量好了，对方也可能不守约定，反而选择偷走，到时候自己什么都得不到，还不如自己干脆选择偷走。这样的话，如果对方不守约定，大不了还是什么都得不到，假如对方守约，而自己选择偷走，就可以独吞一百万英镑！

因为所有人都这么想，所以节目开播很长时间以来，都没有人能够拿到那看似唾手可得的一百万……这就是囚徒困境的可怕之处。

事实上，相同的故事，在历史上不断重演。

《三国演义》中，曹操在统一北方的过程中，遭遇到了许多棘手的敌人，让他最狼狈的，要数西凉的马超。当时曹操率领一支大军征讨西凉马超，却被马超的大军击败，乱军中，曹操险些被马超活捉。为了逃生，曹操只好把自己标志性的红袍子扔掉、大胡子割掉，这才“苟且偷生”。

马超之所以能够战胜曹操，除了因为他自身强大的实力之外，还有一个重要的原因——马超有韩遂作为盟友。韩遂是当时的一个大军阀，和马超的父亲关系很好，因此在马超与曹操作战时，韩遂站到了马超一方。

面对马超和韩遂组成的联军，曹操陷入了困境，他甚至绝望地对部下说：“马儿不死，吾无葬地矣！”在战局陷入僵持的时候，曹操突然想到了一条计策。

这天，曹操带领大军来到马超和韩遂军前，他并不是来打仗的，而是要和韩遂“叙旧”。韩遂和曹操也算老相识，欣然接受了曹操的邀请，在两军阵前攀谈起来。当时，曹操故意没有穿铠甲，表现出一副很随意的样子，还专门和韩遂聊一些有趣的陈年旧事，两人看起来很开心的样子。

这件事情被马超知道了，马超开始怀疑韩遂是否要倒向曹操一边。

没过几天，曹操又给韩遂写了一封信。信中有许多模棱两可的言辞，还有许多涂涂改改的地方——这是曹操故意而为之。

马超得知曹操给韩遂写信，更加怀疑韩遂和曹操二人是在密谋，于是他跑到韩遂那儿，提出要看看曹操的那封信。韩遂为了自证清白，将信给了马超。马超一看，信上有许多关键地方被涂改了，他怀疑是韩遂怕自己看到信中的真实内容，因而涂改信件。马超对韩遂的怀疑又加深了一层。

韩遂看到马超开始怀疑自己，也非常恐惧。他知道，马超这个人，武功高，脾气急，要是他认定自己与曹操私下勾结，很可能会杀了自己。为了保命，韩遂决定先下手为强，他邀请马超吃饭，想在饭桌上杀死马超。

马超早就怀疑韩遂可能会对自己不利，所以去赴宴时带了许多手下，还拿着兵器。

韩遂见马超带兵器来赴宴，更加确定马超要对自己不利；马超见韩遂神色慌张，也十分确定韩遂给自己摆的是鸿门宴，于是二人大打出手。韩遂不是马超的对手，被打伤之后，逃到了曹操那里。

就这样，本来是盟友的马超和韩遂，因为互相之间缺乏信任，中了曹操的离间计，联盟自然分崩离析。后来，马超被曹操打败。

马超和韩遂之间的决裂，就是典型的“囚徒困境”。所谓囚徒困境，就是说，两个犯人被警察抓住，如果他们谁都不招供，那么就可能都被判无罪；如果他们有一人招供，另一个不招供的人会被判重罪，招供的人则相对会被判得轻一些；如果两个人都招供了，两个人都会被判重罪……

在这样的情况下，犯人最“有利”的做法应该是都不招供，后果最惨的做法是全都招供。但实际上，几乎所有的犯人都会选择招供。为什么呢？因为他们生怕对方招供了，自己没招供，对方判得轻，自己判得重，所以干脆两个人都招供了……

马超和韩遂也一样，他们最好的做法是相互信任。但马超怕自己信错了韩遂，被韩遂和曹操联合起来整垮；韩遂则怕马超不信任自己，要对自己下手。

于是，他们二人谁也不敢信任对方，终于把对方逼到了“绝路”上。

曹操之所以能够拿捏马超和韩遂，就是利用了马超和韩遂之间缺乏信任的事实，通过一些狡诈的小手段，让二人陷入囚徒困境，最终为自己谋取到了利益。

很多时候，真正可怕的敌人，是那些成员间彼此信任的团队、集体。若是敌人内部缺乏信任，人越多，他们的威胁反而越小。通过挑动敌人内部的怀疑风气，便可以让看起来强大的敌人彻底垮掉。

投其所好，使对力气才能出效果

人的“欲求”具有共通性，人性中的基本欲求无非就是名、利、享乐、求稳几种。但“爱好”则不同，不同的人有不同的爱好，对于很多人来讲，爱好的东西虽然不起眼，但可能是他们的心头好。

东晋的大书法家王羲之喜欢鹅。一次，他在一个老太太家看到一只鹅，非常喜欢。回到家之后，王羲之越想越喜欢，便带着自己的名士朋友们再次来到老太太家，去看那只鹅。

老太太听说有一帮名人要来自己家，非常高兴，竟然提前把那只鹅给杀掉了，做成了一道菜招待王羲之。

王羲之感到非常遗憾。

后来，王羲之又听说有一个道士养了许多鹅，于是便去道观看鹅。

来到道观，王羲之见道士养的鹅果然不一般，个个雪白漂亮，内心更是喜欢。他怕道士将来把这些鹅也给炖了，便对道士说:“我想买你的鹅，你开个价吧。”

道士说:“我的鹅不是用来卖钱的。”

王羲之说:“那你说怎么才能把鹅给我？”

道士说:“这样吧，您帮我抄写一份《黄庭经》，我就把这里所有的鹅送给你！”

王羲之求鹅心切，答应了道士的要求，为他抄写了一份《黄庭经》，然后带走了所有的鹅。

事实上，王羲之上当了，道士之所以养那么多鹅，就是为了引王羲之上钩。很久以前，道士就知道王羲之是当世头号书法家，想要请王羲之给自己写一份《黄庭经》，但想要拿到王羲之的墨宝没那么容易，甚至当时想要接近王羲之都很难。

王羲之出身琅琊王氏。东晋第一个皇帝司马睿能够顺利登基，全靠琅琊王氏的支持。因此，东晋朝廷对琅琊王氏格外优待，王氏子孙全都被委以重任。几代人下来，王氏已经成为除皇室之外首屈一指的大贵族，一般人想要接近他们谈何容易。另外，王氏不缺地位，也不缺钱，想要花钱或者用其他一般人认为的“好处”打动王羲之，让他给自己写字，基本是不可能的。

后来，道士得知王羲之酷爱鹅，觉得这是一个很好的突破口，便专门养了一群鹅，为的就是吸引王羲之。果然，他成功了！

话说王羲之绝顶聪明，他能看不出道士的小阴谋？即便知道对方是在“钓”自己，但他那么喜欢鹅，也愿意上钩。因此，道士才能用一群鹅换来了别人千金难买的宝贝，当真是投其所好的典范。

投其所好的关键，在于抓住对方的“小爱好”，然后以小博大。所以，投其所好的关键点，在于要抓准对方的“爱好”。如果不能抓住这一点，一切努力都白费，就如同一则笑话所说：

一只小兔子去池塘钓鱼，钓了许久都没有钓到。第二天，小兔子又去钓鱼，钓了一天还是一无所获。第三天，小兔子还是去池塘钓鱼，一条鱼蹦出水面对着小兔子大声咆哮：“你能不能不用胡萝卜当饵啊！”

很明显，兔子没有抓住鱼的爱好，这是它的努力白费的根源。

我们要知道，每个人都有自己的一些偏好，大人物也可能喜欢一些“小玩意儿”，这个“小玩意儿”，就是和对方建立联系的一个突破口。

当然，很多时候，这个“小玩意儿”并不见得一定是物质的，也可能是某种爱好，可能是某种说话的方式，或许是一个比较容易勾起对方表达欲的话题……抓住这些小的生活细节，为对方提供情绪价值，就能拉近与对方的关系。

投其所好的本质，不是要用可观的物质打动别人，而是要从情绪入手，为对方提供难得的情绪价值，物质最多只是个“抓手”。

找准弱点，对症下药

再强大的人，也一定会有弱点。

要相信，世上不存在完美的人。大家都是人，虽然有强弱，但只要抓住对方的弱点，不是没有赢的可能。

公元前 389 年，魏国和秦国的关系彻底破裂，两国之间展开了决定国家命运的大战。当时秦惠公孤注一掷，动员全国兵力，派出 50 万大军攻打魏国的阴晋城。

阴晋城是魏国重要的军事据点，一旦被秦国攻破，魏国的军事力量将遭到严重打击。为了打败秦军，魏王派出了后来被人称为“军神”的春秋名将——

吴起。

当时吴起手下有 3000 骑兵和 500 乘战车，还有 5 万没有战功的魏武卒，兵力远逊于秦军。但即便如此，在吴起的带领之下，魏武卒个个以一当十，还是打败了十倍于自己的秦军，取得了辉煌的胜利。这一战，在历史上被称为“阴晋之战”。

阴晋之战后，吴起趁着秦军兵败如山倒，率军攻打秦国，并取得了几场大胜。此时，吴起在魏国的地位和声望达到了巅峰。

吴起的成功，引起了一个人的不安，此人叫公叔痤，是魏国的国相。

本来公叔痤和吴起都有资格当国相，但由于吴起来自卫国，魏王并不完全信任他，便把国相的位置给了公叔痤。公叔痤原本就担心吴起会威胁自己的地位，现在吴起又立下了这么大的功劳，他就更怕了，一心想要扳倒吴起。

公叔痤手下有个叫门人，看破了主人的心思，便对公叔痤说：“我有办法帮您扳倒吴起。”

公叔痤顿时来了兴趣，问：“什么办法？”

门人将自己的方法悄悄告诉了公叔痤。

第二天，公叔痤来到王宫，对魏王说：“吴起这个人很有本事啊，可是我怕他将来会离开魏国，去更大的国家施展才华。”

魏王当时极其依赖吴起，赶忙问道：“那该怎么办？”

公叔痤说：“您不如把女儿嫁给吴起，如果他愿意娶您的女儿，证明他愿意长期留在我们魏国；如果他拒绝了，就证明他有二心。”

魏王觉得公叔痤说的有道理，便立刻给吴起写信，表示要让吴起娶自己的女儿为妻。

过了一段时间，公叔痤又把吴起请到自己家里做客。公叔痤的妻子也是魏王的女儿，在吴起到来之前，公叔痤对妻子说：“等吴起来了，你要当着他的面羞辱我！”

吴起到公叔痤家里之后，见公叔痤的妻子对公叔痤一点儿也不客气，处处

羞辱他。

公叔痤见吴起很惊讶的样子，便悄悄地对吴起说："我的妻子是公主，因此不能像对待一般女人那样对待她。她羞辱我，我也只好默默忍受。"

吴起见娶公主的"代价"这么大，心中暗想："我可不能步公叔痤的后尘，把这么一个母老虎娶进家！"于是，他亲自去见魏王，表示自己不愿意娶公主。

魏王听说吴起不愿意娶公主，便认为他一定是有"二心"，因此不再信任吴起。公叔痤的目的就达到了。

公叔痤之所以能够扳倒能力和功劳都明显超过他的吴起，靠的就是抓住了吴起最大的弱点——性格太"刚"。所以，他算准了吴起不会委屈自己娶公主，给吴起设计了一个他一定会钻进去的圈套。

再强的人，终究是有弱点的，与强人竞争，如果以强对强，那么输的一定是你。这时候，抓住对方的弱点，以己之长攻彼之短，才能有些胜算。

☞……………………………………………………。

强人大都是自负的，他们不会觉得自己的弱点是弱点。比如说，那些武断的人，会觉得自己的武断是敢于决断；那些口无遮拦的人，会觉得自己的心直口快是耿直豪迈。因为他们不觉得自己的弱点是弱点，所以往往疏于防范，反倒给了别人利用弱点击败他们的机会。

树立一个共同的敌人

想要达成稳定的盟约关系，靠的往往不是有共同的愿景，而是有共同的对手。一个能够带来强大压力的对手，是促进盟友团结的强力黏合剂。

战国时，秦国日益强大，逐渐有了吞并天下的野心。这个时候，如果想要阻挡秦国一统天下的脚步，就需要其他诸侯国联手起来对付秦国。但无奈的是，各诸侯国之间有许多“新仇旧恨”，彼此之间也经常爆发战争，又怎么可能组成联盟呢？

这个时候，苏秦“横空出世”，通过积极奔走，让原本一盘散沙的诸侯国们暂时联合起来，一同抵抗秦国的扩张。

苏秦之所以能够让其他诸侯国抛弃旧怨、结成联盟，方法只有一个——树立一个共同的敌人。在苏秦游说各国的过程中，他首先会用秦国的强大“吓唬”各国国王。苏秦说：“（秦国）西有巴、蜀、汉中之利，北有胡貉、代马之用，南有巫山、黔中之限，东有肴、函之固。田肥美，民殷富，战车万乘，奋击百万，沃野千里，蓄积饶多，地势形便，此所谓天府，天下之雄国也。”

最后，苏秦得出一个结论：秦国已经拥有“并诸侯，吞天下，称帝而治”的能力。言下之意就是，如果你们不能联合起来共同对付秦国，迟早有一天会被秦国吞并。苏秦是这么说的：“夫秦，虎狼之国也，有吞天下之心。”

如此一来，各国君主自然会把秦国当成最大的敌人。比如楚王就说：“秦有举巴蜀、并汉中之心。秦，虎狼之国，不可亲也。”

当各国都把秦国当成共同的敌人之后，在这个敌人的威压之下，以前的那些深仇大恨似乎也不重要了，于是一个由六个诸侯国联合起来对付秦国的联盟就形成了。所以，后来秦国进攻楚国时，“齐、魏各出锐师以佐之，韩绝食道，赵涉河、漳，燕守常山之北”；秦国攻打韩、魏时，“楚绝其后，齐出锐师而佐之，赵涉河、漳，燕守云中……”可以看到，只要秦国攻打六国中的一国，其他国家就会加入反击秦国的队伍中，导致秦国无法成功吞并其他国家。史料记载，秦国在公元前 356 年到前 221 年发动的 52 场对外扩张战争中，都遇到了其他六国的共同反击。所以，在那个时间段，秦国虽然四处征战，但是始终没有取得很好的战果。

此时的秦国，已经发现自己成为所有国家共同的敌人，意识到了这件事情的可怕性，同时也意识到：想要瓦解六国联盟，就必须改变当前的局面，让六国中的一些国家不再把自己当作最大的敌人。于是，秦国派出张仪，去游说各国。

张仪来到魏国后，对魏襄王说：“大王不应该把秦国当成敌人，相反，应该把秦国当成朋友。因为如果魏国和秦国结盟，那么离魏国最近的楚国和韩国就不敢觊觎魏国的领土，大王就可以高枕无忧了。”在向楚国表示结交的“诚意”

时，张仪直截了当地向楚怀王承诺：若楚与齐断交，秦将割商於之地六百里与楚。楚国被眼前的利益所打动，退出了六国联盟。

随着楚国的退出，其他各国发现：把秦国当敌人的话，拥有的只有战争，但是如果能把秦国当朋友的话，好像还能从中得到点好处。随着各诸侯国不再把秦国当作共同的敌人，六国联盟也就瓦解了。随后，秦国采取了各个击破的手段，最终实现了一统天下的宏图壮志。秦国给其他国家的“好处”，自然也都加倍收了回来。

六国联盟的组建与瓦解，揭示了一个朴素的真理——联盟的团结靠的是共同的敌人，而当这个共同的敌人不存在了，联盟就会随之瓦解。现实中从来不缺乏这样的例子。例如：许多创业团队在起步时虽然困难重重，但是能够竭诚合作，可走上正轨之后，日子过得好了，事业走得顺了，反而各奔东西了。

为什么会这样呢？就是因为在刚起步时困难虽然大，但所有人都将困难视为共同的敌人，因而能够团结。当走上正轨之后，虽然依然有困难，但已经不是那种生死存亡的急切难题了，最大的敌人消失了，“联盟”也就很难再有当初的凝聚力了。这就是敌人的作用。

如果你是一个团队的负责人，就一定要善于给自己的团队找敌人，这便是所谓的“危机意识”。通过外力来凝聚团队，有时比凭借内心聚拢团队更有效。

第三章

chapter 3

制人攻心

读心有术，攻心有方

沉没成本：越投入，越被动

在一段关系中，投入越多的人，往往越被动。

因为投入多，所以在乎；因为在乎，所以被动。

20 世纪，某知名企业家在事业上大获成功之后，志得意满，决定干一件大事——盖一座属于自己公司的地标性建筑。

起初，他计划盖一栋 18 层的大楼，但很快又拔高到 38 层、54 层、64 层、70 层，目标直指当时的中国第一高楼。

大楼动工两年之后，该企业家已经在大楼项目上投入了 3 亿元之多，但当时有人告诉他：“现在前期投入的钱已经都用完了，想要把大楼盖好，还需要继续追加投资。”企业家为了不让之前投入的3亿打水漂，咬着牙，把自己公司的绝大多数收入投入了大楼项目中。

他的这一举动，导致公司的运转出现严重的问题，而公司运转出现问题之后，原计划投入大楼项目中的资金迟迟不能落实。最终，大楼项目拖垮了这家当时在全中国都非常知名的企业。虽然企业家屡次追加投资，但是大楼还是没能完工，成为烂尾楼。

事后，企业家反省道：“其实，当时追加投资的时候就感觉非常吃力了，如果那个时候停止项目，虽然损失不小，但不至于伤筋动骨，可就是因为害怕失去沉没成本，我一直咬着牙追加投资，直到把整个公司拖垮，终究是无力回天。”

这就是越投入越被动的典型案例。相似的例子，历史上也屡见不鲜。

徐福，又叫徐市，字君房，齐地琅琊郡（今江苏赣榆）人，秦朝时著名方士。

据说徐福博学多才，精通医学、天文、航海等知识，而且乐于助人，所以在沿海一带的民众中很有名望。有人说徐福是鬼谷子先生的关门弟子，是神仙一样的人物。

秦始皇一统天下之后，想要永远统治这个偌大的国家，开始谋求长生不老之道。他听说徐福仙风道骨，不是一般人，于是便将徐福召到自己身边。

公元前219年，秦始皇第一次东巡，登泰山刻石颂德，然后来到了徐福的老家琅琊，在那里逗留了3个月。

在琅琊的时候，秦始皇见到海州湾内出现了海市蜃楼。他作为一个内陆人，以前哪里见过这种场面，还以为是神仙显灵了。不久，秦始皇又遇到了一个叫安期生的人。此人自称活了一千岁，在海边以卖药为生。秦始皇与安期生“语三日夜”，三天后，安期生要走，秦始皇送给他金银，希望可以让他留下来，帮助自己长生不老，但安期生不要秦始皇的钱，还说：“你要真的有诚意，就到海外蓬莱山去找我！”

秦始皇自己肯定不能放下国家大事去海外寻仙问药，于是他派徐福带着童男童女，乘楼船入海，去寻找长生不老的仙药。

徐福虽然接受了秦始皇交给他的任务，但是他似乎并不认为世界上有长生不老的仙药，所以打着秦始皇的名号、花着秦始皇的钱，四处闲游，不务正业。

九年以后，秦始皇再次东巡，他找来徐福，问他找到仙药没有。徐福怕秦始皇怪罪，诈称自己已经找到了仙人居住的海岛，但是海岛周围有许多凶恶的大鱼出没，船只难以靠近仙山，必须派一批善于射箭的人去射杀鲛鱼，自己才能上岸求药。

徐福又说，自己在海上其实已经见到了一些神仙，向他们索取长生不老之药，他们却不给，还嫌弃秦始皇没有给他们带礼物。最后，徐福对秦始皇说："我问神仙他们想要什么礼物，神仙对我说，让你们的皇帝给我带一些能工巧匠来！"说完之后，徐福又以神仙要求为借口，请求秦始皇给他更多的人、更多的钱，然后再次出海求取仙药。

这时候，秦始皇已经开始怀疑徐福的动机，但无奈之前投入太大，如果现在停止资助徐福，意味着之前的投入打了水漂，也意味着自己之前信错了人。他只好抱着侥幸心理，硬着头皮，继续资助徐福。这一次，秦始皇给了徐福数千名童男童女以及能工巧匠、武士、射手共 500 多人，装带五谷种子、粮食、器皿、淡水等，入海去仙山求药。

据说徐福根本没有去帮秦始皇找药，而是带着手下这批人，跨过大海，跑到了日本。从那以后，秦始皇就再也没见到过徐福的影子……

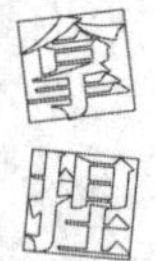

这个历史事件虽然看起来荒诞，但是在《史记》和《汉书》中都有记载，可见，历史上秦始皇真的被一个叫徐福的方士"忽悠"过。有人不禁要问：秦始皇那么英明神武的人，为什么会被徐福一个小小的方士骗得团团转？骗一次不够，还被骗了两次！

事实上，秦始皇第二次派徐福出海之前，其实应该已经发现徐福是在说谎——毕竟，哪个神仙会向皇帝要能工巧匠作为"礼物"？这分明是徐福在为远逃海外做准备！但聪明如秦始皇之所以没能识破徐福的骗局，就是因为他之前为寻找长生不老药投入得太多了，到了这个分儿上，只能一厢情愿地宁可信其有，不愿信其无了。

像秦始皇这样杀伐决断的人，都逃不出“越投入越被动”的泥潭，可见，只要能让一个人付出更多的沉没成本，就能拉他“下水”。相反，当你对一件事情投入更多时，也容易被这件事情或与这件事情有关的人控制，这时候懂得“及时止损”是一种大智慧。

即便你很在乎一件事，也不要把自己的在乎表现出来。一旦让人发现了你的在乎，你便被人找到了软肋……

破窗理论：

裂缝一旦产生，只会越来越坏

一次小小的放纵，可能会让一个君子堕落成浪子；

一个小小的缺点，将来可能发展成无法弥补的过失。

当你习惯了家里地板上的那一片小小的垃圾时，你的家就离变成垃圾场不算太远了。

隋炀帝杨广是历史上有名的昏君，人尽皆知。可隋炀帝年轻时，本来是一位有作为的君主，长得帅，才华很出众。《隋书 · 炀帝纪》中说：“上（隋炀帝）

美姿仪，少敏慧。”

在治国理政、带兵打仗方面，杨广的能力也非常突出。他 20 岁时，就成为统领 50 万大军的将领，军纪严明，战斗力很强。在杨广的带领下，隋朝军队所向披靡。

年轻时的杨广也并不残暴。史书上记载，杨广攻下城池之后，“封存府库，金银资材一无所取”，“秋毫无所犯，称为清白”，“天下皆称广以为贤”，“昆弟之中，声誉独著”。

在治理地方时，杨广的表现也很好。他曾经赴江南担任扬州总管，其间主动学习南方方言，尽力发展文化事业。十年中，隋朝南方经济迅速复苏，社会安定，百姓安居，一次叛乱也没有发生。所以，南方人夸赞他说：“允文允武，多才多艺。戎衣而笼关塞，朝服而扫江湖……继稷下之绝轨，弘泗上之沦风。”

做太子时，杨广热爱读书、写诗，做事情也非常规矩。

正因为杨广表现很好，所以他的父亲杨坚没有让大儿子杨勇继承皇位，而是把偌大一个国家交到了杨广手中。

刚当上皇帝的时候，隋炀帝依旧很有作为，取消了酷刑，恢复了学校，并大力提倡“尊师重道”的文化理念，科举制度就是在隋炀帝执政时发展成熟的。再后来，隋炀帝建新都、修运河，巡视天下，每天辛勤工作，白天登高涉远，晚上还要批奏折到深夜。

自汉武帝以来，没有一个皇帝像隋炀帝那样有作为，所以，《资治通鉴》中说：“隋氏之盛，极于此矣。”

那么，隋炀帝后来为什么就堕落了呢？这还得从他远征高丽说起。

当时，高丽国经常侵扰隋朝，隋炀帝便想要征服该国。可是，高丽国地处偏远，每一次去征讨，都要浪费许多民力。另外，高丽国军队的战斗力也很强，隋炀帝连打了三次，才终于在表面上征服了这个国家。

三次出征，隋朝的国力损失很大，第一次（公元 612 年）损失了 30 多万士兵，这让隋炀帝颜面尽失。所以第二年，他又决定攻打高丽。当时，民间对隋炀帝倾尽全国之力远征颇有微词，甚至有人抓住这个机会发动叛乱——杨玄感在河南发动兵变，隋炀帝就此撤军。虽然杨玄感的叛乱很快就被平息了，但杨玄感叛乱时将隋炀帝称为“昏君”这件事，却深深地刺痛了他。

隋炀帝的光辉形象开始褪色，这让一直享受“明君”身份的隋炀帝感到非常着急，所以在战争中也表现得非常急躁，最终导致失败。

公元614年，隋炀帝再次宣布，要在一年之后继续攻打高丽。次年，隋炀帝带着大军去打高丽，就在即将成功之时，国内农民起义之势已不可遏制，隋炀帝无奈撤军。

从前，天下人把隋炀帝称为明君，他便用明君的要求来严格约束自己。而后，明君的形象被攻破了“一角”，这似乎让隋炀帝不再追求伟大的功业，开始破罐子破摔，从一个夙夜奉公的皇帝变成了沉迷酒色的暴君。

隋炀帝的堕落绝非一朝一夕，而是在被打开一个口子之后逐渐走向极端的过程。随着隋炀帝的堕落，隋朝的江山也日益不稳。最终，李渊、李世民率领的唐军打败了隋朝军队，取而代之，建立了唐朝。

其实，许多人和隋炀帝一样，他们追求完美，为了保持完美，可以做得非常好。但是，如果在他们的完美中出现一道缝隙，就有可能将他们的理想彻底打碎，此时他们就会走向另外一个极端。

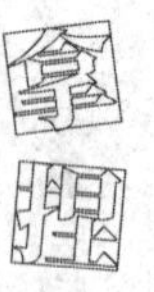

越是追求完美的人，越不能容忍一点点所谓的不完美，越容易在不完美出现之后破罐子破摔。

登门槛效应：想进一尺，必先得一寸

这世上很少有一蹴而就的事，你必须不断试探，一点点推进。

试探是为了勘测底线，蚕食是为了麻木对手，当对手逐渐麻木、底线逐渐后退时，你才能获得更多。

冒顿是匈奴头曼单于的大儿子，他本来应该是无可争议的单于之位继承人，但是备受头曼单于宠爱的妃子阏氏生下一个儿子，头曼单于爱屋及乌，就想要把自己的位置传给这个小儿子。

头曼单于知道，如果自己废了冒顿这个太子，冒顿一定会造反，所以他想：

不如干脆杀了冒顿。

亲自杀儿子毕竟容易惹来非议，于是头曼单于采取了借刀杀人的手段——他将冒顿送到月氏当人质，等冒顿到了月氏后，头曼单于立刻带领士兵攻打月氏。

月氏听说头曼单于入侵自己的疆界，非常生气，便要杀掉头曼单于的儿子以泄愤——这恰好是头曼单于所希望的。

不过，头曼单于万万没有想到，冒顿可不是那种任人宰割的人，他得知月氏要杀自己，竟然偷了月氏人的马，一路躲避追杀，安全逃回匈奴。

头曼单于听说儿子如此英勇，开始后悔杀冒顿，为了弥补自己的错误，给了冒顿一万骑兵，让他自生自灭。

冒顿知道，父亲给自己一支军队，已经是“格外恩惠”，本来属于自己的单于之位，父亲是绝不打算给自己了！冒顿不服气，决定杀死父亲，抢回自己的位置——毕竟，你作为父亲，曾经想要杀儿子，就别怪将来儿子想杀你。

杀掉头曼单于没那么容易，冒顿手下的士兵是头曼单于给他的，让这些人去杀匈奴人的大首领，他们是万万不敢的，但是冒顿有办法让他们敢！

冒顿制造了一种响箭叫鸣镝，他对部下说:“我这支响箭，不管它射向哪儿，你们必须跟着射，如果有人不射，便死！”

一开始，冒顿带着部下们去打猎，他的箭射向猎物时，部下都争先恐后地去射同一只猎物，毕竟如果不射就没命了。

这一天，冒顿在训练时突然将鸣镝射向了自己的爱马。大多数士兵跟着冒顿一起射，可有少数人却想:“这匹马是首领最喜欢的，他是不是射错了？”因而犹豫了。冒顿毫不留情，将那些有所犹豫的人全部处死。

又有一天，冒顿和部下训练归来，冒顿的妻子欢天喜地走出帐篷，来迎接冒顿，可冒顿却猛然间向妻子射了一箭。这件事情也太离谱了，很多人都愣住了，没有跟随冒顿一起射箭。冒顿又将那些没有跟随自己一起射箭的人全给杀了。

从此以后，冒顿的箭射向哪儿，手下的箭也必然射向哪儿，绝不迟疑。

不久，冒顿跟着头曼单于狩猎。在此过程中，冒顿冷不防“嗖”的一声把鸣镝射向他老爹，他的部下早已失去了自我思考的底线，因此纷纷毫不迟疑地将箭射向他们的单于。

头曼单于当场死亡，冒顿单于踏着爱马、妻子、父亲的尸体，登上了历史舞台。

冒顿之所以能够成功策反手下那些忠于父亲的士兵，恰恰是利用了所谓的“登门槛效应”——一步一步地试探别人的底线，最终让人彻底失去原则。

抛开冒顿的残忍手段不谈，这种步步蚕食、不断试探并拉低对手底线的策略，是改变对手心智，让对手在温水煮青蛙的环境中迷失自我的一种高明手段。

拆屋效应："退而求其次"的妙用

鲁迅先生说："中国人的性情总是喜欢调和、折中的，譬如你说，这屋子太暗，须在这里开一个窗，大家一定不允许的。但如果你主张拆掉屋顶，他们就会来调和，愿意开窗了。"这便是"拆屋效应"的出处。应用到生活实处时，拆屋效应的本质其实是"逼迫妥协的艺术"。

心理学家罗伯特·西奥迪尼做过一个实验。

他假扮成一名监狱工作人员到大学校园里去，问大学生们是否愿意陪一群少年罪犯一起去参观动物园，而且表示没有报酬，当时有 83% 的人拒绝了他。

第二次，罗伯特·西奥迪尼改变了策略。他首先向学生提出一个非常过分的请求：在未来两年里，每周花两个小时，为少年犯们提供咨询服务。对于这个过分的请求，几乎所有学生都毫不犹豫地拒绝了。此时，罗伯特·西奥迪尼提出了之前的那个请求——让学生陪少年犯去参观动物园，这一次居然有50%的学生同意了他的请求。这便是典型的“拆屋效应”——把自己的真实诉求隐藏在一个夸张的诉求之后。这样一来，人们虽然有极大的可能拒绝你的夸张诉求，但是会提高人们接受真实诉求的可能性。

北宋时虽然经济非常发达，但是军事上却比较孱弱。这就导致周围许多国家将宋朝视为一块肥肉，动不动就用军事入侵相威胁，要求宋朝“花钱免灾”。尤其是北部的辽国，更是经常用这一招威胁宋朝。

辽兴宗时期，辽国再一次试图发动对宋朝的进攻。这个消息传到了宋朝，宋朝上下顿时紧张起来，皇帝如坐针毡。当时，宋朝的国策是尽量避免战争，只要不打仗，别的都好谈。所以，为了打消辽国发动战争的想法，宋朝皇帝派富弼去辽国谈判。

富弼可不是一般人，他是名臣范仲淹的属下，与欧阳修等人关系非常好，也是文坛大家，能言善辩。

对于富弼，当时的辽兴宗是有一定了解的。他知道这个人很善于谈判，而且还比较坚守原则，想要从他身上捞好处，恐怕不太容易。为了对付富弼，辽兴宗决定来一次狮子大开口。

等富弼来到面前时，辽兴宗先是兴师问罪，说宋朝在边境上修筑军事设施，对辽国的安全构成威胁，也破坏了当年澶渊之盟的约定，因此才决定要进攻宋国。

富弼不卑不亢地说：“我们宋朝在边境上修筑工事，是在自己的疆界内，完全是防御设施，哪就威胁到你辽国了？这不是欲加之罪吗？”

辽兴宗无言以对，但还是蛮不讲理地说：“总之，是你们宋朝有错在先，我迫不得已才决定发兵！”说来说去，就是要用战争威胁宋朝，然后给自己谋好处。

富弼知道对方的意图，只好说："那您说怎么才能不打仗？"

辽兴宗等的就是这句话，他对富弼说："你们宋朝要主动把一部分领土割让给我们！"

宋朝虽然不愿意打仗，但是割让领土这件事情是万万不能答应的，富弼只好据理力争，坚决否定。

看对方否决得如此坚定，辽兴宗便装作很好说话的样子，说道："既然不想割让土地，那你们宋朝就把公主嫁给我的儿子，算是和亲。"这个条件算是对宋朝的一种侮辱。当时宋朝人虽然文弱，但是非常顾及尊严，而且富弼只是一个大臣，他怎么可以决定皇室的婚嫁呢？所以富弼坚决不同意。

辽兴宗似乎很失望，他质问富弼："这也不行，那也不行，你们究竟想怎么办？"

富弼只好说："不如按照以往的惯例，我们给辽国多一些岁币，怎么样？"岁币就是宋国"赐"给辽国的钱。辽兴宗等的就是这句话，但他表面上却显得"勉为其难"。富弼生怕对方不同意自己的方案，赶紧说出一个让辽兴宗满意的数字。辽兴宗答应了，一场战争就此平息。

在这场谈判中，看起来是富弼占据了主动——一次次化解了辽兴宗的无理要求，最后按照自己的方案解决了问题。但实际上，辽兴宗才是那个真正的胜利者。他利用拆屋效应，狮子大开口，让对方主动提出给钱的方案，这才是辽兴宗真正的目的。

如果辽兴宗一开始就提出要钱的话，那么谈判的中心内容就是"数目问题"了，富弼一定会极力压低岁币的数字。于是，辽兴宗选择在一开始提出几个对方不可能答应的条件，让对方主动提出用钱解决，看起来好像是在一步步后退，最终让对方"得逞"，实际上是一步步让对方主动钻进自己的陷阱。

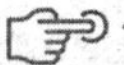

世上许多事情都是如此，想要结“中等果”，就必须许“上等愿”。当你提出一个过高的要求之后，看起来是一步步后退，实际上是在一步步走向自己的真实目的，其中的“尺度”，需要人们多加领悟。

阿伦森效应：夸赞永远比批评更好听

夸赞是最廉价的礼物，但却经常发挥出意想不到的作用。

夸赞不是奉承，而是在有了一双善于发现优点的眼睛之后，还具备了一张能够适当表达赞美的嘴。

说起曹操，人们大都只记住了他的心机、善变，但这些都解释不了一个问题——为什么曹操这样一个人，会有那么多文臣武将死心塌地为他服务？

事实上，曹操是一个极其善于笼络人心的政治家，而他最犀利的武器就是夸赞。

曹操夸赞一个人时，喜欢用古代的名人来做比。比如，他夸荀彧说“吾之子房也”，把荀彧比为汉朝的开国功臣张良；夸赞程昱说“程昱之胆，过于贲、育”，贲、育是战国著名的猛士孟贲、夏育的并称；夸赞荀攸说“公达外愚内智，外怯内勇，外弱内强，不伐善，无施劳，智可及，愚不可及，虽颜子、宁武不能过也”，颜子、宁武都是春秋时候的名臣。

对于手下的将领，曹操也是不吝赞美之词，说张郃“昔子胥不早寤，自使身危，岂若微子去殷、韩信归汉邪”，意思是张郃是如同兵仙韩信一样的人物；说徐晃“徐将军可谓有周亚夫之风矣”，将他比作平定七国之乱的周亚夫；说许褚“此吾樊哙也”，将其比作刘邦身边的名将樊哙；说典韦“此古之恶来也”，恶来是商纣王的一员大将，以勇武著称。

用历史人物夸赞手下，一来，可以拔高手下的形象，毕竟历史留名的人物，哪个没有过人之处？二来，曹操其实也是在拔高自己——他说的那些人物都有一个好上级。

曹操夸人，还喜欢踩一捧一。当然，踩的是不在场的其他人，捧的就是他要夸赞的对象。例如，曹操和刘备聊天时说起袁绍、吕布等人，一顿猛踩，将那些人说得一文不值，最后夸赞刘备：“天下英雄，只有你我！”当时，曹操已经是一人之下、万人之上，而刘备只是一个小人物，曹操这样说，自然是夸赞刘备。

又比如说，曹操夸赞孙权时，就把刘表的儿子拿来当反面教材，说：“生子当如孙仲谋，刘景升儿子若豚犬耳。”意思是，孙坚生了孙权这么个好儿子，可比刘表那个如同猪狗一样的儿子强多了！这不仅夸了孙权，也捎带夸奖了孙权的父亲，只是刘表的儿子“无辜躺枪”。

曹操夸的这些人，最后都为曹操的霸业做出了杰出贡献。比如荀彧，给曹操制定了迎奉天子、奇袭荆州等重要战略，还在曹操出征时负责镇抚后方、举荐人才，成为曹操手下的肱骨大臣；再比如典韦，在宛城之战中，若不是此人拼死保卫曹操，曹操可就被敌人杀死了；至于徐晃，被曹操夸奖过后，常常对别人说:“古人患不遭明君，今幸遇之，当以功自效，何用私誉为！”意思是“我碰到了千古少见的明主，必须全力辅佐他”。

心理学上有个著名的效应叫“阿伦森效应”，意思是：人们大都喜欢那些对自己表示赞赏的态度或行为，而反感对自己持否定态度的人和话。这些人对曹操的忠诚和他们发挥的重要作用，一来体现了曹操有识人之明——不是随便夸奖别人，而是确实发现了对方的优点；二来也体现出夸奖的重要性，曹操的不吝溢美之词，换取到了手下的尽忠尽责。

人们喜欢被夸奖，不喜欢被批评，这本来就是个显而易见的道理，但是经过科学证明，我们不得不相信——想要获取人心，还是要多动动脑子，去发现别人的长处；多动动嘴，夸奖他们的优点。

延迟满足效应：
等一等，获取更大的满足感

许多时候，让别人通过努力，从你手中获取好处，要比直接给别人好处更能勾起他的满足感和成就感。延迟满足，不仅可以对自己用，也要学会给别人用。

明朝的开国皇帝朱元璋死后，把皇位传给了他的孙子朱允炆。

假如朱元璋把皇位传给朱允炆的父亲朱标，那么朱元璋的其他儿子无话可说，毕竟朱标是他们的大哥，又德才兼备，是公认的最佳继承人。但是朱标死得早，当时朱元璋的儿子们心里头就开始盘算起“小九九”—— 大哥在的时候，我们没资格当皇帝，现在大哥死了，总该轮到其他儿子了吧！

但所有皇子都没想到，朱元璋把皇位传给了孙子。朱元璋的这一举动，引起了皇子们的不满，但是他们一时间也无可奈何。

朱允炆继承皇位之后，知道自己那帮叔叔对自己不满意，他们也想当皇帝。于是，为了解除这一祸患，朱允炆决定削藩——夺取手握重兵的叔叔们手中的权力。这下子捅了马蜂窝，朱允炆的叔叔朱棣决定造反。

朱棣兵强马壮，从北京发兵，一路向明朝初年的都城南京进发。朱允炆大惊失色，连忙派兵阻挡，结果第一波士兵被朱棣打败。朱棣一路高歌猛进，却遭遇了名将盛庸的阻挡。

朱棣与盛庸打得难解难分，但由于朱棣兵少，随时可能被对方击溃，形势非常危急。这时候，朱棣的二儿子朱高煦带着援军及时赶到。

此时，战争的结果取决于朱高煦的表现。为了勉励朱高煦，朱棣对他说了一句话："世子多病，汝当勉励之。"言下之意是，朱高煦的大哥朱高炽——也就是目前朱棣的合法继承人，身体不好，随时可能死掉，朱高炽一死，朱高煦就可以成为继承人。所以，朱高煦不是在为父亲、哥哥打江山，而是在给自己打江山！

朱高煦一听这话，顿时如同打了鸡血，奋勇作战，一举击溃盛庸。最终朱棣成功夺取了侄子的江山，成为明朝第三个皇帝。

至于朱棣当年给朱高煦画的那个"饼"，最终也没有兑现，因为朱棣只是说朱高炽身体不好，朱高煦可能有机会当皇帝，但朱高炽最终还是活到了朱棣死的那一天，朱棣死后，皇位传给了朱高炽。

朱高煦虽然气愤，但是也无可奈何，因为当年朱棣并没有明确说要把皇位传给他，所以他也没有正当的理由去争夺皇位，只好在朱高炽面前俯首称臣。

朱棣用延时满足的方式，刺激了朱高煦的主观能动性，提高了自身团队的战斗力。但是，朱棣在采用这种方法的时候，并没有一时冲动，给朱高煦明确许下难以实现的诺言。

可见，即便是在最危难的时候，朱棣还是保持着冷静，没有去承诺自己无法做到的事情，而是用一种巧妙的方式，给朱高煦画了一张看起来挺真、闻起来挺香，可就是吃不到嘴里的“饼”。

画饼也是要讲究技巧的，不能心情一激动，就随意画大饼，你今天画的饼，必须是明天能给人家的。如果我们最终不能实现画饼的承诺，那么可以在画饼时将话说得模棱两可一些。

第四章

chapter 4

极限拉扯

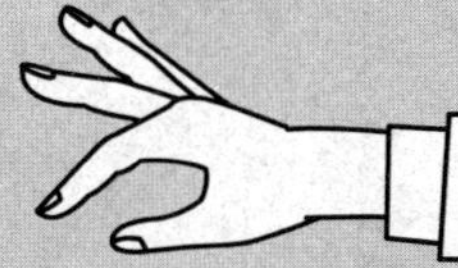

人际交往中的顶级博弈

所谓社交，有时就是一场博弈

人与人之间的交往，有时就是博弈的过程。虽然大家看上去都彬彬有礼、笑容可掬，可实际上，很多人都在掂量彼此的实力与能量，都在揣摩下一步要如何落子。能料敌先机者，往往能够战无不胜。

春秋时，齐桓公由于有贤相管仲辅佐，曾称霸于中原。齐桓公对管仲十分敬重，遇到问题总能虚心请教。

管仲病危时，齐桓公去看望他，说：“仲父您病了，有什么话教诲我吗？”

管仲的一番话，至今仍是用人的至理名言。

管仲说:“我希望你能疏远易牙、竖刁、卫开方这些人。”这一下，齐桓公不理解了。因为在他看来，管仲说的这些人，目前与他相处得很好，可以说是他信赖的臣子。可是，管仲为什么让他远离呢？他提出了自己的疑问。

齐桓公说:“易牙用儿子的肉来孝敬我，说明他爱我胜过爱他的儿子。”

管仲说:“如果他对自己的儿子都很残忍，对君主怎么能好呢？他只是揣摩你的心意，用假爱迷惑你。”

齐桓公又说:“竖刁怎么样，难道不能信任他吗？”

管仲回答说:“竖刁为了迎合国君，竟阉割自己，这不符合人情，不可重用。”

齐桓公不服气，又说:“卫开方，侍奉我已经 15 年了。为了我，他父亲死了都没有回去奔丧。这样的人，爱我胜过爱他的父母，我难道还不能信任吗？”

管仲叹了口气说:“人最亲的莫过于父母，对父母尚且如此无情，怎么可能会真心对你好呢？你一定要看清楚这个人。”

齐桓公思量再三，认为管仲的话有理，非常坚决地答应了。管仲死后，他便驱逐了这三个人。但是因为习惯了这三个人在身边服侍，忽然失去，他食不甘味，夜不酣寝，更没有心思上朝理政，而且由于旧病复发，更是浑身难受。

他把心中的苦闷告诉了一位大臣，大臣劝他说：大王与臣子相处，也是在博弈，既然知道臣子将来要如何落子，那就要早做防范，以免到头来后悔不及。言下之意是要齐桓公忍耐一下，习惯他们三个人不在就好了。

齐桓公一想，确实有理，又想起管仲当初所言，便强忍煎熬坚持了下来。

又过了三年，齐桓公实在忍不住了，便对人说:“仲父的话也太过分了。我是大王，这三个人有益于我，而无害于国，为什么不能用呢？”于是，他迫不及待地派人把他们召回朝廷。这三个人一回来，他就恢复了精神。

第二年，齐桓公病重。易牙、竖刁等人趁机勾结起来，发动了政变。他们利用自己手中的权力，把桓公的宫门堵住，不准任何人进出，并在宫外修起了三丈多高的围墙。

由于无法和外界联系，再加上没有水和饮食，没过多久，齐桓公就被活活饿死了。临死前，齐桓公流着泪叹息说:“唉！稳赢的一盘好棋，却被我下死了，恨我当初没有听仲父的话，识人不明啊！”

人与人之间的交往，很多时候实际上就是一场心与心、智与智的博弈。为什么有的人能不动声色指点江山、坐拥成功？为什么有的人能轻轻松松赢得上司欣赏，不断得到提升？为什么有的人能长袖善舞、财运亨通，有的人却因为一招昏棋惹来麻烦，甚至是祸事？就如齐桓公一样，因为一招之差，满盘皆输。

其实，输赢的关键，就在于博弈过程中如何抓住心理，运用智慧，拿捏对方。这场战争虽然没有硝烟，但却惊心动魄。

看似偶然的关系，背后或许藏着博弈的影子。与他人的联系有多深，感情能走多远，利益能谋取多少，有时候取决于我们采取什么样的博弈手段，差一点儿都不行！

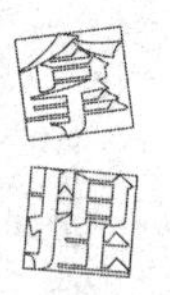

知人者智，了解越多越能反制

知人者智，自知者明。能了解、认识别人叫作智慧，能认识、了解自己才算明悟通达。在人际交往中，了解别人可以让我们更好地应对他们的行为，掌握主动权，避免与他们产生矛盾和冲突。了解自己，才能更好地发挥潜力，避免做出错误的决定和行为。

知人者智，范蠡知人识人，两次选择使他名垂后世。

战国时期，越王勾践在夫椒山被吴王夫差打败，带着几千残兵被围困在会稽山。生死存亡之际，越王勾践听从范蠡、文种等人的建议，假意投降吴王，为奴三年。这三年里，为了取得吴王的信任，勾践装疯卖傻，受尽屈辱，终于得到了回越的机会。

回到越国后，勾践卧薪尝胆，励精图治，终于有了翻盘的机会。公元前482年，勾践趁吴王夫差与晋在黄池会盟之际，出兵伐吴，杀了吴太子，灭了吴国，报了被俘之仇。

勾践复国，一干大臣功不可没，尤其是范蠡、文种等人，可以说，没有他们，就没有复国的勾践。这个时候，按理说，这些大臣该享受富贵生活了。但奇怪的是，这个时候，范蠡却选择向越王辞行隐退。

范蠡想走，越王勾践自然不同意。他对勾践说："孤将与子分国而有之，不然，将加诛于子。"意思是说，你就老老实实留下来吧，我将和你共享这个国家，你要是不留下来，我就杀了你。听起来，勾践这是诚意十足啊，要和范蠡共享荣华富贵，但实际上，真会如此吗?

范蠡没有被这几句话冲昏头脑，他很清楚勾践的为人，只能共患难，不能同富贵。他赶紧趁夜收拾行装，驾上马车飞逃而去。逃离越国后，他不放心老朋友文种，于是给他留了一封信。他在信上说："飞鸟尽，良弓藏；狡兔死，走狗烹。越王为人长颈鸟喙，可与共患难，不可与共乐。子何不去？"他这几句话把对越王勾践的认知说得明明白白、清清楚楚。这也让文种有了不好的预感，开始防备越王。

于是文种称病不上朝，期望以此躲过一劫。然而，越王听信谗言，认为文种自恃功高，有了异心，便定文种死罪。勾践说："子教寡人伐吴七术，寡人用其三而败吴，其四在子，子为我从先王试之。"他忌惮文种的才能，早就有了杀心，这是秉性使然。只可惜，文种没能像范蠡一样早早看出来。

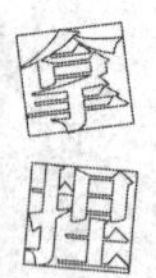

范蠡相伴勾践20余年，早早看出了勾践的为人，因此早做防范，选择逃离越国无疑是一招好棋，留下来必然是死路一条。

范蠡的第二次"知人"，是关于他儿子的。

范蠡逃出越国后，先是去了齐国。他有经商头脑，再加上很会做人，不久便积攒了数十万家产。齐人见他能干，便想让他做丞相。范蠡想都没想便拒绝了，他怕重蹈越国覆辙。为了不被纠缠，他悄悄离开齐国，去了定陶。在定陶，他继续经商，很快又富甲一方。

范蠡有三个儿子。有一次，二儿子在楚国犯了法，很快就要被杀头。为了救回二儿子，范蠡便想让小儿子携带千金，去楚国打点关系，但是他的夫人和大儿子却坚决不同意。大儿子甚至以自杀要挟，想让父亲改派自己去。范蠡无奈，只好让大儿子去。

但是这个时候，他已经有了不好的预感。

大儿子到了楚国后，按照范蠡的吩咐，拿钱贿赂了庄生。庄生虽然家中贫困，但在楚国却是很有声望和身份地位的人，人们都要拜他为师。收了贿赂后，庄生立即向楚王进言。

庄生说:“有颗灾星要害楚国，希望大王施惠以避免灾难。”楚王一听，马上大赦天下，范蠡的二儿子因此就被放了出来。

事情到这原本应该皆大欢喜了。可是，范蠡的大儿子偏偏出来作妖，他认为弟弟被放出来全因适逢楚王大赦天下，并非庄生的功劳，甚至又回过头把送给庄生的钱要了回去。这是在打脸，打得庄生羞愤交加。

庄生立即又向楚王进言:“臣前日向大王进言有灾星，劝大王施惠于天下，今天臣出门，听闻路人都在议论，说范蠡的儿子犯了法，范蠡用钱贿赂了大王身边的臣子，大王赦免天下并非为了楚国国运，只是因为范蠡一个人。”楚王一听，勃然大怒，立刻下令，杀了范蠡的二儿子。

可怜范蠡的二儿子，因为大哥的愚蠢，白白丢了性命。

其实，在大儿子走的时候，范蠡就预感到了二儿子一定会死。他曾对身边的人说:“以前大儿子和我一起做生意，非常艰苦，这让他养成了重视钱财的习惯。小儿子出生时，家里已经很富足了，所以他不会吝惜钱财。正是这个原因，我想让小儿子去救二儿子，知道他一定会成功，但奈何大儿子以自杀威胁，唉，天意不可违啊。”

这就是范蠡“知人”的本领了。他和儿子们朝夕相处，所以对几个儿子的性格习惯非常清楚，也很清楚不同的性格习惯将给他们带来什么样的影响。他的选择是明智的，只不过拗不过家人，最终被迫做出错误的决定。

在人际交往过程中，“知人”是一个很重要的环节。只有真正了解别人，我们才能更好地应对他们的行为，更好地与他们沟通交流，更好地完成工作，达成共识。

夫唯不争，故天下莫能与之争

不自见，故明；不自是，故彰；不自伐，故有功；不自矜，故长。夫唯不争，故天下莫能与之争。

西汉刘恒的母亲薄姬是刘邦的俘虏，一生只被宠幸过一次，生下了刘恒。因为这层关系，薄姬母子不被刘邦喜欢。为了生存，母子二人在宫中小心谨慎，从不与人争。正因为如此，他们在宫斗中没有被波及。

后来，刘恒被不喜欢他的父亲分到了边远的代国为王。说白了，刘邦就是要让他们母子离远一点儿，眼不见心不烦。

刘邦死后，吕后掌权。为了能让吕氏上位，吕后开始逐个消灭刘邦的儿子和孙子。这个时候，因为所处边远地区，刘恒幸运地躲过一劫。等到把眼前的儿孙处理得差不多了，吕后这才想起还有一个刘恒。她自然也不放心刘恒，想要顺手除掉。

吕后开始假意试探，想要封刘恒为赵王。要知道，赵国比代国要繁华得多，强大得多，赵王自然要比代王更香。可是，刘恒不争，他婉言谢绝了吕后，表示愿意守边。因为他平时一直默默无闻，也没有什么出彩的表现，吕后给他贴了一个“平庸”的标签，也就放过了他。

吕后死后，大臣们联手铲除了诸吕。这个时候，刘氏子孙，被吕后杀的杀、废的废，谁来做皇帝呢？大臣们经过商量，一致推举刘恒做皇帝。主要原因有三个：一是刘邦的儿子只剩下刘恒和刘长了，刘恒是哥哥，自然比弟弟更适合；二是刘恒贤圣仁孝，不争不抢，品德很好；三是刘恒的母亲薄姬也不喜欢争抢，娘家人也不强势，不会重蹈吕后的覆辙。就这样，从小不与任何人争抢的刘恒，坐上了皇帝的宝座。

因为不争，刘恒躲过了杀身之祸；也因为不争，他得到了天下，成为汉文帝。

每个人都要有“不争”的智慧。在朋友面前不较劲，这不代表弱小，而是在向其表达自己的真诚与谦卑；在爱人面前不较劲，这不代表认㞞，而是因为感情比输赢更重要；在亲人面前不较劲，这不代表隐忍，而是相信爱有更强大的力量；在竞争对手面前不较劲，这不代表放弃，而是因为暗中积蓄力量比明刀明枪更容易掌握主动权。

“不争”绝不是消极避世，而是一种高明的处世哲学。它不是放弃利益，没有争胜之心，而是将视线投注在自己身上，避免无谓的竞争，默默培植实力即可。

三国时，曹操在接班人的选择上可谓操碎了心。长子曹丕颇具政治头脑，处理政务能力极强，但是次子曹植才华横溢，出口成章。到底该选谁呢？曹操很伤脑筋。他甚至萌生了换继承人的念头，想要让曹植接掌自己的大印。

曹丕得到消息后，十分恐慌，忙向近臣贾诩请教。贾诩说："愿将军恢崇德度，躬素士之业，朝夕孜孜，不违子道，如此而已。"什么意思呢？他要曹丕不要计较，像个寒士一样做事，兢兢业业，不要违背做儿子的礼数，这样就可以了。简单来说就是——你什么也不要去争，做好自己的分内事就可以了。

曹丕理解了贾诩的话，认认真真做事，在自己的优势方面下足了功夫。在诗词歌赋上，他承认不如曹植，不争不抢不眼红。果然，曹操死后，在陈矫和华歆等人的帮助下，他顺理成章地成为曹氏的接班人。

在人际交往过程中，很多时候，争是不争，不争是争，与其费尽心思去争抢，不如"不争"，做好自己的事，积蓄力量，胜利自然而然就来了。这才是"不争"的最高境界。

捆绑站队一条龙，把“你”变成“我们”

在与人交往过程中，当话题主语都是“你”的时候，那么话题就离终结不远了。当话题主语由“你”变成“我们”的时候，双方的关系将更容易拉近。为什么会这样？因为“你”是外人，“我们”则是自己人，是利益共同体。

公元前 205 年，汉楚彭城之战，项羽大破汉军。汉王刘邦好不容易纠合的数十万军队，在半日内被项羽的三万精兵杀得人仰马翻、七零八落。汉军死伤无数，就连刘邦的父母、妻子都被项羽抓走了。各诸侯一见刘邦大败，也纷纷

调转马头，投奔项羽去了。

可以说，此时的刘邦已经走到了末路。

刘邦来不及伤痛，一路边战边退，来到了下邑这个地方。此时他的处境十分危险。楚军攻势凌厉，极有可能与困在关中废丘的章邯里应外合，入函谷关，捣毁刘邦苦心经营的根据地，到那个时候，刘邦就彻底完了。

怎么办？刘邦思前想后，只有一个办法，那就是“拉人”，多找几个盟友，和自己一起抗衡实力强大的项羽，否则只有死路一条。

刘邦问谋士张良：“我想把函谷关以东的土地都拿出来，分封给天下的豪杰，请问谁有这个能力和实力，与我一起对抗项羽？”他的意思很明确，即便是找盟友，也要“捆绑”几个有实力的，这样才能有抗衡项羽的资本。

张良很聪明，他早就考虑这个问题了，此时也亮出了自己的观点。张良说：“九江王英布可以考虑，他本来就是楚国的枭雄，能征善战，打仗很厉害。最巧的是，他与项羽有过节儿，项羽早就想除掉他了，与他结盟必然顺利。另外，盘踞在梁地的彭越和齐地的田荣都是当世豪杰，他们共同推翻了暴秦的统治，项羽却因个人私情不分封他们土地，因而我们可以争取他们。还有汉王您的将领当中，韩信智略超群，能力最强。您如果要分封土地，千万不能少了韩信，有他为您效命，必定能打败项羽。”

刘邦听了张良的分析，觉得很有道理，便按照其计策展开了行动。他派人去游说英布、彭越、田荣等人，意欲结成对抗项羽的“统一战线”。因为有着共同的敌人，结盟计划很顺利，联盟很快成立，且成功牵制了项羽的主力部队，为刘邦赢得了喘息的机会。

在盟军的帮助下，刘邦先是收拾残兵入关中，水淹废丘，诛杀章邯，彻底稳定了关中的大本营。接着，又重新集结关中弟子东出函谷关，与项羽展开了争夺战。

刘邦率军队主力，在荥阳、虎牢关一带阻击楚军主力，主打防守战、持久战。英布和其他将领从侧面攻击楚军侧翼，收拢南阳、淮阳一带，以骚扰为主，分散楚军注意力，对正面战场起着配合作用。彭越率军打游击，在楚军后方反复袭扰楚军粮道。田荣的弟弟田横率领一支军队，重新收拢齐地的百姓，在齐地反叛，让项羽不得不率军征讨。

汉军大将韩信则率领几万汉军，深入楚军敌后战场，攻城略地，开疆拓土，自西向东歼灭了魏国、赵国、代国、燕国和齐国，吞并了整个北方，为刘邦积攒了强大的力量。等到韩信灭掉齐国后，刘邦军事联盟所控制的土地、人口、资源已经数倍于项羽。这个时候，项羽又岂有不败之理？刘邦自然而然打败项羽，取得了最终的胜利。

这场胜利，其实就是一场“联盟”的胜利。论个体实力，刘邦不及项羽，但他胜在能巧妙“捆绑”，将多个个体拉过来，把“你”变成“我们”，把一个个分散的力量集中成一股力量，大家一起抗击项羽。

蚂蚁当然可以咬死大象，前提是，所有蚂蚁都是“我们”，是自己人。

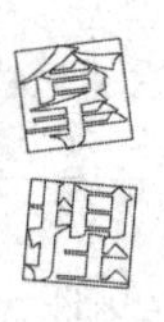

故弄玄虚，吊的就是对方胃口

在博弈当中，任何主动行为都会留下痕迹。当对方发现这些痕迹的时候，就明白你是有动机、有需求去做一些事情的。真正的高手，即便想要接近对方，也会使用一些手段转换位置，在行动上化主动为被动，在立场上化被动为主动。故弄玄虚，就是其中一种。

商朝末年，一代暴君纣王沉湎酒色，残忍好杀，穷兵黩武，大兴土木。天下民不聊生，诸侯也因为纣王的残暴统治苦不堪言。西伯侯姬昌勤于政事，推行教化，还十分尊敬老人，深得人心。姬昌想要推翻纣王，但苦于缺少贤才辅佐。一次外出打猎的时候，他在渭水边遇到了一个钓鱼的老翁。

老翁钓鱼的方式十分奇特，不仅不放鱼饵，甚至连鱼钩都是直的。姬昌十分好奇，便主动上前与老翁攀谈起来。这位老翁是谁呢？他是一位隐居在此地的异士，名叫姜尚。

姜尚本是舜、禹时期官员的后代，但他出生时，家道已经败落，因此，只能以务农为生。即便如此，他仍胸怀大志，在务农闲暇苦读不辍，期望有一天能一展才华。没想到，一直到 70 岁，他仍大志未酬。

想要有一展抱负的机会，就必须获得大人物的赏识。那么，如何才能吸引大人物的注意呢？姜尚就开始在渭水边用直钩钓鱼。他的邻居——年轻的樵夫武吉嘲笑他说："你这样用直钩，什么时候才能钓上鱼来？不如我来教教你怎么钓鱼吧。"

姜尚不为所动，说："宁在直中取，不可曲中求，钓的不是鱼，而是王与侯。"武吉也不与他争论，嘲笑了几句就走了。不久，姬昌游猎，被姜尚所吸引。与之交谈后，姬昌发现这正是自己苦苦寻求的贤才，于是就请求姜尚出山辅佐自己，并拜姜尚为老师。

太史公司马迁在《史记·齐太公世家》中讲述过姜尚与姬昌相遇的两种经历，渭水钓鱼就是其中一种。在其他记载中，又有不同的说法——

相传，姜尚精通文韬武略，但不得明主赏识，年近七旬仍在市场上以卖肉为生。通过不断观察，他发觉周文王姬昌有明主之相，就生出想要辅佐姬昌的想法。但对方是一方诸侯，自己只是个屠户，要如何推销自己呢？他思前想后，决定利用自己手里的刀。

一日，姬昌巡查集市的时候，突然听到一阵敲击刀子的声音。这声音符合音律，很是动听。周文王本身也是精通、喜爱音律的人。据说古琴最早只有五根琴弦，增加到七根便是姬昌提出的改动。如今在集市上，听到嘈杂的叫卖声中居然有音律发出，他怎能不好奇？于是，姬昌找到了姜尚。通过一番攀谈，姬昌对姜尚非常赏识，让他当了官。

不管是渭水之上直钩钓鱼，还是集市之中鼓刀扬声，姜尚的做法无疑是通过故弄玄虚吸引了姬昌的注意。姜尚与姬昌身份相差悬殊，毛遂自荐未必就能有好的效果，只有引发姬昌的好奇心，让姬昌主动来了解自己，才有成功推销自己的可能性。

人人都有好奇心，越是看不透的，就越是想要进一步了解。

如果你认为自己有丰富的内在，只是缺少被人了解的机会，那就不妨反其道而行之，把应该展露的东西隐藏起来，制造一点悬念，等着对方主动发现。一开始就被人看到底，既没有惊喜，也没有可挖掘的空间，那就很难激发对方的兴趣了。

以情动人，没事打打感情牌

人是情感动物，不管多理性的人，也会在没有明确利害关系的情况下做些能满足自己情感需求的事情。同理心则能让感情的作用进一步扩大，有些事情虽然没有发生在自己身上，也能感同身受。

以情动人，可以是在某个瞬间利用情感达到自己的目的，也可以经常打感情牌，日积月累，让对方与我们产生情感联系。

陆雪是某金融公司的金牌销售，当客户们真的见到她的时候，往往会大吃一惊。她年纪不大，相貌平凡，举止有礼，不如其他同行那样热情。那么，陆雪是怎样成为金牌销售的呢？她靠的就是经常打感情牌。修炼，从陆雪刚刚入职时就开始了。

那一年，陆雪走出校园，迎来了和同龄人一样的迷茫。自己究竟该做什么？考研？考公？还是找一份自己感兴趣的工作？思来想去，陆雪得到了一个与之前所想完全不同的答案，那就是锻炼自己。

每个人都有自己的性格，不管是内向还是外向，都不算缺点。陆雪却坚持认为，想要成为一个优秀的人，就必须擅长与人打交道。于是，她果断进入了父亲朋友开设的金融公司，当了一名销售。

从基层做起谈何容易，数次碰壁后，陆雪不仅没有气馁，反而被激起了好胜心，原本锻炼自己的目标变成一定要做好这项工作。在之前的人生里，陆雪的成功经验就是谋而后动。经过一段时间的观察，她认为最好的销售方式就是与对方搞好关系，成为朋友。在建立了情感纽带后，推销的成功率就会大大增加。于是，她制订了几项计划。

第一项，搬家。

人有见面之情，只要自己礼貌亲切，就能跟周围的人熟悉起来。因此，想要把某个小区的住户变成自己的客户，在该小区租下一间房子是很有必要的。而且，所选择的小区住户要多。

第二项，养狗。

即便是距离上够近，想跟人熟悉起来总要找个理由。如果双方都有养宠物的爱好，话题更容易打开，关系更容易拉近。当然，也有人不喜欢宠物，那就需要另外找机会接近对方。总之，养狗是进可攻、退可守的策略。

第三项，加入小区业主较多的运动团队。

现代人比过去更注重身体健康，在条件允许的情况下，很多人会选择一些既有趣又能保持健康的运动。例如，小区中就有一些女士热衷于网球、游泳，会定期约好一起活动。男士喜欢的棒球，她也未必不能参与。更有利的是，参与活动的往往还有小区业主之外的人，有助于获得其他的人脉资源。

第四项，交往中目的性不能太强。

一旦在人际交往中暴露出太强的目的性，对方就很容易警惕起来。要给他人帮助，而不是向人求助。

制订好计划后，陆雪就一条条地执行起来。她花了几个月的时间维持人际关系，几个月后就开始迎来收获。小区里的许多住户都知道，他们有个名叫陆雪的邻居，很有爱心，养了条狗，喜欢运动，在金融公司上班。许多人有理财需求时，第一个想到的就是找陆雪咨询。即便最后没有成功合作，陆雪依旧不厌其烦，但大多数人还是抱着“她人那么好，咱们和她那么熟，找谁买不是买”的想法，照顾了陆雪。

几个月后，陆雪心中的潜在客户都已经挖掘过了，便和熟人们道别，搬去了新的小区。陆雪搬走许久，还经常有之前的邻居打电话来，向陆雪咨询理财信息。

人与人之间的情感交流是非常重要的，在有需求的时候，会优先想到亲近的人、熟悉的人，之后是认识的人，最后才是陌生人。许多企业在宣传产品时，不管广告好坏，只求给消费者留下印象，就是如此。留下印象就建立了基本的情感联系，不管强弱，总比一点儿都没有要好。

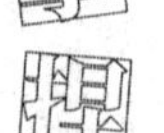

在人际关系中，情感能改变人的决定，影响人的判断力。所以，经常打感情牌，到了关键时刻说不定能有收获。即便只能混个脸熟，也比毫无交集要来得好。

空手套白狼，打的就是信息差

信息是看不见、摸不着的，但却拥有惊人的价值。掌握了别人不知道的信息，就可以让你拥有的资源价值暴增。

改革开放初期，一块价值 5 元的电子表，从广州带到北京，就能卖出 50 元的天价。在人际关系的博弈中，信息差起着非常重要的作用。利用好信息差，就能起到“空手套白狼”的效果。

在20世纪70年代的美国，有个一心想要成为演讲家的年轻人。自从立下志向后，他就开始孜孜不倦地努力。整整7年的时间，年轻人已经迈进了中年的门槛，总算是有了些成绩，不仅有了登台演讲的机会，还开办了一家有十几名成员的培训班。

随着业务的扩大，规模太小的场所已经无法满足他的要求了。于是，他就想物色一间更大、更好的场所。几经排查，年轻人盯上了一家过去在当地小有名气的酒店。过去，这家酒店可以排在当地前几名，设施完善，装修典雅，但近几年新建的酒店越来越多，这家酒店因为老旧的问题变得不受青睐。

购买不景气的酒店，想必要价不会太高，对于不太富裕的他来说最合适不过。他兴冲冲地去找酒店老板，却吃了个闭门羹。酒店老板态度非常坚决："即便我们已经没落，也不会随便让什么无名之辈在这里演讲！"他只好愁眉苦脸地离开了酒店。

之后的几天里，他又跑了几个地方，不是价格太高，就是地方太破旧。更重要的是，他对那间没有得到的会客室始终念念不忘。这天，他又结束了对一家酒店的勘察，疲惫地坐在公园的长椅上，发现对面坐着另一个愁眉苦脸的人。出于搜集素材的职业习惯，他主动走过去，和对方攀谈起来。

没几句话，他就明白对方为什么愁眉苦脸了。对方是一位知名钢琴演奏家的助手，这位演奏家本来预约好了一家酒店的演奏厅，没想到抵达以后才发现闹出乌龙。那个演奏厅正在翻修，根本不能使用。演奏家大发雷霆，勒令助手在三天内找到演奏厅，否则就滚蛋。这位助手已经找了两天，依旧没有找到合适的演奏厅。

他想到自己要租的那间会客室楼上就有一间演奏厅，正要开口，又突然察觉，这或许是个能解决自己麻烦的机会。于是，他试探性地问："如果我能帮你找到一间合适的演奏厅，有什么好处吗？"

助手仿佛抓到救命稻草，赶紧对他说："之前那家酒店付了我们700块违约金，如果你能帮忙找到演奏厅，就都给你。"

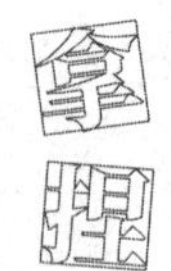

他租住的房子一个月的房租也才 400 块出头，700 块不少了。于是他告诉这位助手在这等他，他很快回来。

他来到酒店，找到那个固执的老板，对他说："你想要让人们重新关注这间酒店吗？我有个主意。"

老板头也没抬，问他："你能有什么办法？凭你的演讲吗？"

他得意地说："我要是能把知名钢琴演奏家请到你这儿来表演，你愿意付什么价钱呢？"

老板满脸不可置信，最后与他敲定，只要他能把那位知名演奏家请来表演，就把那间会客室免费借给他 6 个月，且 6 个月后他有付费租赁的资格。

他马上回去把好消息告诉演奏家的助手。当助手与酒店老板敲定细节，签下合同后，他也如愿以偿地拿到了应得的佣金和会客室半年的使用权。

在这场"合作"中，演奏家找到了合适的演奏厅，酒店老板得到了重新让酒店被关注的机会，这个立志要做演讲家的家伙更是完美做到了"空手套白狼"。他能够成功的原因，就是抓住了信息差的价值，并找到了将其变现的机会。就如同一位精明的媒人，要做的只是将郎才女貌的一对新人介绍给对方。

如今我们已经进入信息时代，不少人认为能利用信息差获得利益的机会已经不存在了。实际上，在这个时代，人们之间的信息差反而越来越大了。每天都有大量的信息被大数据推到人们眼前，让人们无暇去了解其他的事情。更何况，信息量变大了，假信息也变多了，因此，利用信息差依旧是不过时的博弈手段。

第五章

chapter 5

言语交锋

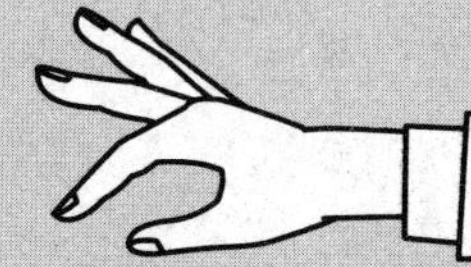

三言两语，抓住对方的心理

相比真理，人们更乐意听自己想听的话

能说服别人的，从来不是你的道理，而是他自己爱听的话、想听的话，你必须要把自己的道理包装到对方想听的话里，才可能真正说服对方。

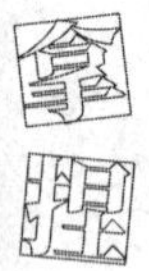

为什么有些人总是失败？因为他们太过相信“道理”的力量，认为自己把道理讲明白、讲清楚了，别人就听自己的话，愿意按照自己的道理去行动。

某国的一个边远小镇上，由于法官和其他法律工作人员有限，便组成了一个由 12 名农夫组成的陪审团。按照当地的法律规定，只有当这 12 名陪审团成

员都同意时，某项判决才能成立，具有法律效力。

一次，陪审团在审理一起案件时，由于事实明确，11 名陪审团成员已达成一致看法，认为被告有罪，只有一个农夫坚持认为被告无罪。由于陪审团意见不一致，审判陷入僵局。这 11 名成员企图说服这位农夫。

有人对农夫说："证据已经非常确凿，你应该放下心中的执念，相信事实，相信证据。"

农夫说："我只相信自己！"

有人对农夫说："你这样做，实在是浪费大家的时间，毫无意义。"

农夫说："我们是陪审团的成员，要坚持公正，这是国家赋予我们的责任，岂能轻易做出决定？在我们没有达成一致意见之前，谁也不能擅自做出判决！"

虽然众人轮番劝说，但这位年纪很大、头脑很顽固的农夫就是不肯改变自己的看法，大家都拿他没办法。

这时，有个年轻人看着天空，突然说道："天上乌云密布，这两天恐怕要下大雨，现在正是庄稼成熟的季节，如果不抓紧收割，粮食恐怕要烂在地里了！"

农夫闻言，顿时显出很紧张的样子，他搓着手，开始坐立不安。年轻人不再说话，悠闲地坐下，他坚信，农夫很快就可以做出抉择。果然，5 分钟之后，农夫站起来，说道："好吧，就按你们说的办！"说完，他急匆匆走了。

年轻人之所以能用一句看似无关紧要的话说服固执的农夫，就是因为他所说的话是农夫"想听"的。所以，我们应该知道：什么是对方想听的话？不一定是奉承话、夸奖话、迎合话，对方真正想听的话，永远只有一种——与对方切身利益密切相关的话！

对于大多数人来说，讲是非对错，不如讲利害得失。为什么？因为与切身利益相关的话，不管好话、赖话，都是他们想听的话。相反，虚无缥缈的真理说教是人们所不愿意听，甚至厌恶听的——你凭什么逼迫我认同你自认的真理？

人只有在听到与自己利益相关的话时，才愿意支棱起耳朵、发动自己的思维，与别人进行“深度对话”！这是人际交往中的一个真理。如果不能在谈判或说服中贯彻这个原则，哪怕你掌握了全世界最无可辩驳的真理，也没办法说服任何人。

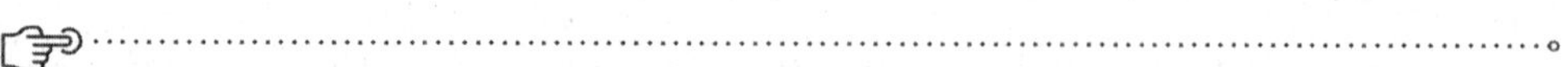

人只有在涉及切身利益的时候，理性才会占据高地，才可能被说服。

话不说尽，留点暗示更让人牵肠挂肚

与人说话，应该学会留有余地，不必把话说尽。话不说尽，或点到为止，或给予暗示，让对方去思考、领悟，才能进退自如。

鬼谷子说:“知人不必言尽，言尽则无友。”说话做事都在于拿捏一个尺度和分寸，若失了分寸，说出的话便如同刀剑一般，伤害了别人，也让自己陷入困境。

北宋时期的寇准出身名门望族，祖父、父亲都在朝为官，父亲还因屡建功勋，被封为国公。寇准天资聪慧，又勤奋好学，十四岁时已经写下不少诗篇，十五岁就精习《春秋》。

十九岁时，寇准考中进士。宋太宗选取进士到殿前的平台亲自看望提问，年龄小的往往不予录用。有人让寇准把年龄报大一些，以便被选中。寇准坚决不肯，说道：“我刚准备踏上仕途，怎么可以欺骗陛下呢？”随后，寇准的才学被宋太宗看中，被授大理评事，正式踏入仕途。以后，寇准很被赏识，仕途一帆风顺，一路高升。

到了至道元年（995），寇准从青州回朝。而此时宋太宗正为立储一事烦恼，便召见了他，想与他商议。寇准知晓宋太宗召见自己的目的，但是并没有直接回答宋太宗的问题，而是采取了委婉、暗示的策略。他说：“为天下选择国君，不能与后妃、中官（宦官）商量，也不能与近臣谋划，应选择众望所归的皇子作为储君。如此，才能有利于天下百姓。”

宋太宗想了许久，屏退左右，又问道：“襄王如何？”

寇准认为襄王是最合适的储君人选，听宋太宗这样问内心暗喜，但是他没有直接表示赞同，继续说：“知子莫若父。陛下既然认为襄王合适，那就请决定吧！”第二天，宋太宗便宣布襄王赵恒为开封尹，改封寿王，后立为太子。

宋太宗更加信任和倚重寇准。有人进献了通天犀这一宝物，宋太宗让人把它做成两条犀带，一条自用，另一条赐给了寇准。之后，宋太宗驾崩，赵恒继位。几年后，寇准被封为宰相。

名臣张咏听说寇准当上了宰相，不免心有惋惜，因为他觉得寇准虽然是不可多得的人才，但学问还是有些欠缺。一次，寇准因事前往陕西，而刚刚卸任的张咏从成都路过寇准所在的地方，寇准很敬重张咏，便盛情招待了张咏。

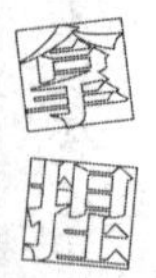

张咏深受感动。临别，寇准问他：“离开前，您有什么交代我的事情吗？”

张咏本想趁机劝寇准多读书，可考虑到寇准已是堂堂宰相，怎能当面说他没学问呢？若这样说，寇准失了颜面，恐会心生怨恨；传出去，百官也可能有所微词，不再敬重寇准，不利于朝廷。

张咏思索片刻后，说了一句：“《霍光传》不可不读。”

寇准思考许久，也没明白张咏的言外之意。回家后，寇准马上找来《霍光传》认真地阅读起来，当他读到“光不学无术”时恍然大悟，这才明白张咏是说自己没学问，想劝自己多读书。事后，寇准领悟了张咏的深意，开始多读书，增长学问。

故事中，寇准和张咏都是懂得“话不能说尽”道理的人，采取委婉、暗示的方式表达自己的内心想法和主张。对于寇准来说，虽然宋太宗宠信他，愿意与他商议立储事宜，但是立储关乎天下、关乎皇室，决定者只能是皇帝一人。若是寇准不能把握分寸，直接说出想法:“我看好襄王，请陛下立他为太子！”“襄王是最合适的人选，陛下一定选择他！”恐怕会惹得宋太宗怀疑和猜忌，给自己招来灾祸。寇准聪明地知晓宋太宗的想法，点到为止，暗示宋太宗“选众望所归的”，这样才让宋太宗心悦诚服。

张咏知晓寇准学问欠缺，并没有当面指出来，而是让他阅读《霍光传》来提醒和暗示，让他通过霍光的事迹来领悟、改变。正因为这样，寇准不但没怨恨张咏，反而对他更加敬重。

说出去的话就像泼出去的水，是收不回的。若不懂得分寸，只顾自己想说的，直言不讳，哪怕是一片好心，恐怕也会把事情弄砸。

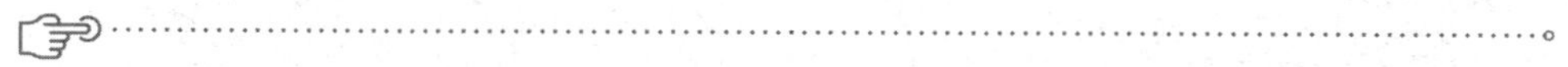

话不说尽，点到为止，尤其是不好明说的事情，利用提醒、暗示的方式来表达才是明智的选择。

说话有温度，才能赢得好感度

古人说：“感人心者，莫先乎情。”不管什么时候，不管面对什么人，我们的语言有温度、有情感，才能如春风一般，真正软化、温暖人心。

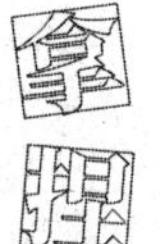

君子不失足于人，不失色于人，不失口于人。

说话很容易，但要做到有温度且不失口于人，并非易事。但越是这样，我们越需要注意言语中的温度，尽量说有温度的话，不说冷冰冰的话，不说伤人心的话。当然，前提是心怀善念，因为善良的人才能口吐善言。

英迪拉·甘地刚当上印度总理时曾经做过一场失败的演讲。那天，由于主持人突然宣布要她上台讲话，她完全没有准备，所以心里既紧张又害怕。但为了演讲能继续下去，她还是强撑着，像记流水账一样讲了几分钟。当她讲完后，台下没有一个人鼓掌，甚至有人嘲笑说："她不是在讲话，而是在尖叫。"

究其原因，英迪拉·甘地说的话没有温度，听起来没有一丝情感，所以听众无法产生共鸣，更无法产生好感。

可以说，在所有吸引他人的品质中，说话、做事有温度最令人无法抗拒。每个人说话做事的温度，会影响他人对自己的好感度，进而决定了做人做事、应酬交际的成功系数。所以，不管什么时候，我们都需要好好说话，用有温度的话语来温暖他人，把话说到对方的心坎里。

那么，如何保持说话的温度呢？

首先，我们需要明白，语言的温度来自人性的温度。一个懂得体谅他人、为他人考虑的人，必然不会随随便便就说出伤害人的话语。心怀善念时，口中自然能吐出有温度的话语。因此，想要说出有温度的话，就要保持内心的善良，懂得爱他人，为他人着想。

美国心理学家所罗门·阿希做过一次实验，那次实验被称作"热情的中心性品质"。阿希教授将参与实验的志愿者随机分成两组，然后在一张纸上列出与人格有关的七项品质，包括勤奋、聪明、实干、谨慎、熟练、坚决、热情，并将这张纸拿给其中一组志愿者看。然后，阿希教授又在另一张纸上写下与之前那张纸几乎同样的内容，唯独将"热情"替换成"冷酷"，并将这张纸给另一组志愿者看。

令人意外的事情发生了。第一组志愿者对阿希教授在纸上所描述的这个"人"给予了极高的赞誉，认为他必然是个极其优秀的人；第二组志愿者对阿希教授在纸上所描述的这个"人"没有多好的评价，他们甚至对其产生了敌意和仇恨，认为这个家伙很可能是个极其恶劣的混蛋。

要知道，两张纸上的内容只有一点不同，那就是一张写着"热情"，一张写着"冷酷"，其余六项品质都是一模一样的。然而，偏偏就是这么一点不同，给人们留下的印象天差地别。试想，你有两个朋友，他们同样优秀，一个说话做事有温度，总能热情地与你谈话，能关心你、体贴你；另一个则始终冷若冰霜，对你总是冷言冷语。你更愿意亲近哪一个呢？

其次，要注意自己的身体语言。身体语言包括我们说话时的语气、语调、节奏，面部的表情与眼神、手势、身体的姿态，等等。若能语气温柔一些，面带微笑，别人便会感受到我们的友善、温和。

如果内心是善良的，但不注意身体语言，明明说出的是好话，却语气冷冰冰、面部肌肉僵硬，那么也起不到温暖人心的作用。

保持一颗善良的心，说温度适宜的话，哪怕只是三言两语，也可以抓住他人的心。

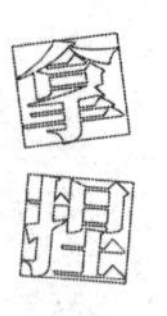

“说”是手段，“服”才是重点

想要说服他人，不能只顾着说自己的道理，也不能企图通过把对方驳斥得哑口无言来让对方赞同自己。想办法让其口服、心服才是上策。

人人都有自我认知，当自我认知与他人主张不一致或相冲突的时候，往往会不自觉地排斥他人的意见，且别人说得越激烈，这种排斥心理越强烈，越不愿意赞同和认可他人。

秦昭王时期，有一个叫中期的大臣，为人刚正不阿，性格耿直，时常因为政事与秦昭王争论。一天，秦昭王与大臣们在朝堂上商议军国大事，中期认为秦昭王的某些论点不正确，便开始滔滔不绝地与其争论起来。中期能言善辩，说得秦昭王理屈词穷，一时不知道如何反驳。

在朝堂上，君王竟然被大臣驳得节节败退、哑口无言，秦昭王顿时觉得颜面扫地，于是勃然大怒地训斥了中期一顿，说他以下犯上、目无君王。谁知，中期竟丝毫不给秦昭王留面子，头也不回地走掉了，留秦昭王在朝堂上暴跳如雷。

无论在任何朝代，中期的行为都是一项大罪，更别说是素来以严苛的刑法闻名的秦国了。盛怒之下的秦昭王当即下令让人逮住中期，择日斩首示众。一时间，朝廷大臣都保持沉默，谁也不敢劝谏。

这时，一位大臣站了出来，坦然地说："大王，请您息怒。中期这个人就是直性子，说话太冲、太直，不顾及别人的感受。还好，他遇到您这样仁慈的大王，如果遇到夏桀、商纣这样的帝王，早就人头不保了！"

听了这话，秦昭王的脸色才稍有好转。等怒气减退之后，秦昭王对大臣们说："是啊！中期就是个直性子，说话喜欢直来直去，念在他一片忠心，我就饶恕他了！"

可以说，中期和后来为他说情的大臣就是说服的正反两个典型。中期能言善辩，说起道理来滔滔不绝，口才不可谓不好。然而，他却忽视了说服的本质，不懂说服的技巧。说服，不是辩论，更不是争吵。口头上的胜利，并不是最后的胜利。中期直言快语，把秦昭王驳得没有反击的余力，但也惹怒了秦昭王，适得其反。即便秦昭王不生气，口服心不服，那么，中期也无法实现说服的目的。不管从哪个角度来说，中期都是失败的。

为中期说情的大臣则不一样。他没有站在秦昭王的对立面，更没有和他争论，而是选择和秦昭王站在一起，指斥中期的缺点，然后还侧面地夸奖了秦昭王。所以，他只凭借两句话就说服了秦昭王，赢得了说服战的胜利。试想，如果他直接摆事实、讲道理，说中期是忠臣，说忠臣都是敢于直言、刚正不阿，或者与中期站在一起，继续陈述中期的观点，那么必定无法说服秦昭王，不但救不了中期，还会搭上自己的性命。

众所周知，说服他人，必须有绝好的口才，有条理、有逻辑地表达自己的观点。然而，很多时候，即便我们做到了这一点，恐怕也很难说服他人。当你滔滔不绝，一心想要赢得口头上的胜利，或者过于直言，完全不顾及对方的认知、立场以及情绪的时候，你的说服注定只有失败这一个结果。

说服他人的过程中，我们必须牢记自己的目的是让对方心悦诚服，赞同我们的观点，支持我们的主张，进而按照我们的意愿说话办事。在这个过程中，“说”是手段，“服”才是重点。

不管面对什么人，不管你多么博学、多么能讲道理，都不要只把关注点放在“说”上，更不要一味逞口舌之快甚至是直言快语。想办法抓住对方的心理，让对方心悦诚服，那么无论说什么，都可以轻松实现说服的目的。

道理再多，也不如讲好一个精彩故事

没人愿意正襟危坐地听别人一本正经地讲那些干巴巴的大道理。说服他人时，若只讲那些所谓的大道理，往往讲得越多，就越让人厌烦。所以，想要说服他人，或想让人听自己说话，可先讲一个生动、精彩的故事，然后把道理蕴含其中。

唐太宗李世民非常爱马，尤为喜爱一匹骏马，不但长期在宫中饲养，还派马夫专门照顾，给予优待。一天，这匹骏马突然暴毙，马夫和兽医都没有查出死亡原因。唐太宗非常生气，一怒之下要处死马夫。

长孙皇后听说这件事，立即赶来劝谏。她知道唐太宗怒气正盛，不管自己如何说大道理，都未必能让其回心转意。于是，长孙皇后讲了齐景公的故事："从前，齐景公因为自己的爱马突然死了，要杀饲养马匹的马夫。晏子当场大骂马夫该死，说他犯了三条死罪：你把马养死了，这是第一条罪状；你让君主因为这件事而杀你，导致百姓对君主不满，怨恨君主残暴，这是你的第二条罪状；邻国诸侯知道这件事，必定会看轻齐国，导致齐国受辱，这是你的第三条罪状。你犯了三条死罪，难道还不该死吗？其实，晏子表面上是痛骂马夫，实际上是劝谏齐景公要讲仁义，不可随便杀人。齐景公听了晏子的话，思考一阵儿，觉得他说的话有道理，便赦免了马夫。陛下，您读书的时候读过这段典故，难道您忘记了吗？"

唐太宗听了之后，立即明白长孙皇后是借用齐景公的典故来劝谏自己不要滥杀无辜。他认识到自己不该因为爱马死了而迁怒马夫，滥杀无辜，于是收敛了怒气，也赦免了马夫。

要知道，人在盛怒之下，情绪是激动的、不理智的，听不进去任何道理。但是，故事却可以让人冷静下来，进行思考。长孙皇后巧妙地利用了晏子谏齐景公这个历史故事，借用典故让唐太宗从愤怒中清醒过来，进而改变决定。

所以，想让别人听自己说话，或想说服他人，就可巧妙地利用故事，把想要讲的道理蕴藏在生动、有趣的故事中，然后把它精彩地讲出来。其实，但凡是影响力巨大的表达者都是善于讲故事的人，都能把很多哲理、情感融入故事中。回想一下，我们从小到大领悟到的人生哲理、做事道理是不是都是通过各种故事学到的呢？

当然，故事也不是随便讲的。想要实现自己的目的，故事必须生动、有趣，要有创意；要围绕着自己的目的而展开，要与我们讲的道理、观点、思想或者其他内容相辉映。想要让我们的故事更具有感染力和说服力，要讲对方能听得懂的故事，讲能引起对方共鸣的故事。如果为了讲故事而讲故事，那么不管故事多么精彩、多么富有感染力，也是毫无价值的。

与枯燥的理论、教条式说教相比，故事更容易让人接受，引发对方的深思，达到事半功倍的效果。这种说服方式，不但能让对方心悦诚服，同时也让自己更有信心。

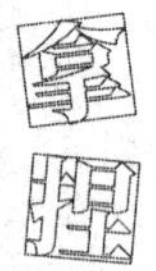

沉默有时比滔滔不绝更有力量

废话是土，多言是铁，寡语是铜，沉默是金。与人辩论时，对方滔滔不绝阐述自己的意见时，不管我们是选择顺从还是反对，都会让对方的情绪继续高涨。

相反，适当沉默，让气氛冷下来，对方的高谈阔论便无用武之地，自然也就没有继续的欲望。

与人谈判时，当对方步步紧逼，一个劲儿地给你施压，而你又处于劣势的时候，滔滔不绝或许很难扭转局势，甚至有可能让对方抓住把柄。但若在关键

时刻，选择沉默，以静制动，反而比语言都更有力量。

两家公司进行谈判，甲是卖方，乙是买方，双方谈到价格时，展开了激烈的争论，谁也不肯让谁。结果，谈判陷入僵局，暂时无法进行下去，只能第二天继续。

当天晚上，买方代表请教了公司领导，询问如何才能说服对方在价格上做一些让步。然而，领导却让他反其道行之——别再滔滔不绝，适当沉默试一试。

第二天，卖方代表依旧强势输出，买方代表则一改据理力争，变得沉默寡言起来。当卖方代表表示："我公司报价最低是 500 万，要知道，市场……"

买方代表听完，不紧不慢地说："嗯，我需要考虑一下……"然后开始沉默不语，面色凝重地看着地板。

时间就这样不停流逝着，会议室中静得可闻针落。几分钟后，卖方代表打破了沉默，说："您考虑好了吗？对于我们双方来说，此次合作是双赢……"

买方代表依旧表示需要考虑，然后继续保持沉默。

卖方代表忍耐不住了，说："这样吧！我们各退一步，我们同意降价 10 万，你们负责运费，你看如何？"

买方代表皱起眉头说："之前与我们合作的企业的报价要比你们低 10 万，且由他们负责运费。"然后继续沉默。

最后，卖方代表妥协，买方用沉默的技巧赢得了谈判的胜利，为自己争取到最大利益。

谈判时，双方针锋相对、互不相让，造成无法进一步沟通的局面，这是任何一个人都不想看到的。这个时候，沉默比滔滔不绝更有力量。它可以给对方施加压力，让对方乱了阵脚。所以，很多懂得拿捏他人的智者，往往在谈判时把沉默寡言发挥得淋漓尽致。

沉默是对他人心理的征服，胜过千言万语。这里还有一则关于林肯的故事：

林肯曾与道格拉斯为了争取参议院的名额进行了一次激烈的辩论。其间，两人唇枪舌剑，互不相让。当辩论快接近尾声的时候，道格拉斯明显占据优势，获得大部分人的赞同与支持。此时，林肯就算再能言善辩，获胜的概率都不大。

然而，林肯并未灰心丧气，相反，他始终保持镇定、沉着，想出了让局势扭转的策略。

发表自己主张的时候，林肯说了一半突然停下来，就那样默默地站着，目视前方，目光坚定，足足有一分钟。所有人都面面相觑，不知道他要做什么。之后，林肯缓缓地说："朋友们，不管是道格拉斯还是我入选，都是无关紧要的，我今天向你们提出的这个问题才是最重要的，远超任何个人的利益和政治前途。朋友们——"

林肯再次沉默，深情地看着所有人，而所有人也都屏住呼吸，集中精力，盯着林肯。沉默十多秒后，林肯再次说道："即便道格拉斯和我那可怜、脆弱、无用的舌头已经安息在坟墓里，这个问题仍存在……"

最后，林肯赢得了辩论的胜利，就是因为他巧妙地利用了沉默的技巧。适当的沉默让他的演说更有力量。

因此，沉默是一种积蓄力量的方式，学会沉默的智慧吧！

我们把握沉默的尺度时，要根据具体情境、具体对象去分析。若是认为越沉默越对自己有利，进而过度沉默，则有可能会适得其反。

借助权威，先从气势上压倒对方

正所谓："人微言轻，人贵言重。"大部分人有慕强心理，更愿意相信比自己优秀的人所说的话，更倾向于相信、效仿那些先哲、名人以及权威者的思想、行为与判断。对于那些不确定、未知的事情，更是如此。这在心理学上被称为"威望效应"。可以说，这种"威望效应"渗透在我们生活的各个层面。

汉文帝时期，匈奴时常侵扰边塞，使得汉朝北境诸郡不得安宁，百姓苦不堪言。云中郡虽相对平静，但也时常被匈奴人抢夺。

而后，大将魏尚被任命为云中太守，镇守边塞。魏尚一上任，便开始整顿军队，加固城防，积极抵抗匈奴的入侵。魏尚治军有方，他效仿名将李牧的治军之法，不但把军市租税收入都用来犒赏士兵，还拿出自己的俸禄犒赏宾客、军吏、舍人等。这样一来，云中守军士气如虹，战斗力大增，每次与匈奴人交战都异常英勇，大获全胜。匈奴人畏惧智勇兼备的魏尚，都远远地躲着他的军队，不敢轻易靠近云中。

可时间长了，总有不怕死的。一次，匈奴的一支铁骑冒险突袭云中，想快速抢夺之后迅速撤离。魏尚得到消息后，立即率领士兵前去截击，果然再次打败匈奴，斩杀敌人甚多。与往常一样，魏尚向朝廷汇报战绩，并为士卒们请功，却因为疏忽大意多报了 6 个敌人首级。

汉文帝知晓后非常愤怒，认为魏尚冒功，撤销了他的职务，并让官吏依法治罪。大臣们都觉得魏尚有些冤枉，因为自古冒功的将领不在少数，从来都是多多益善、贪得无厌。若是魏尚想要冒功，怎会只多报 6 个首级？但是看到汉文帝处于盛怒之下，大家都不敢劝谏，担心连累自己。

担任郎中署长的冯唐站了出来，借助廉颇、李牧的故事说服了汉文帝，解救了魏尚——

这一天，汉文帝与冯唐议论朝政，突然问道："你是哪里人？"

冯唐回答说："我是赵人。"

汉文帝一下来了兴致，说："我听说赵国的将领李齐非常厉害，巨鹿大战时威震敌胆。现在，我每当吃饭的时候都会想起他。"

冯唐回答说："李齐的确很厉害，但是不如廉颇、李牧。"

汉文帝先是赞同冯唐的说法，接着拍着大腿说："可惜，我没有得到廉颇、李牧那样的将才，如果我能得到那样的将才，还用担心匈奴人吗？"

没想到，冯唐却说："即便陛下得到廉颇、李牧那样的将才，也不会任用他们。"

汉文帝有些生气，质问道："你怎么这样说话？难道我不是明君吗？"

冯唐直言不讳地说："陛下，请原谅我是个粗鄙的人，不会说话。"

汉文帝知晓冯唐并非不会说话的人，知道他这样说必定有意图，便问道："你凭什么说我不会重用那样的人才？"

冯唐见汉文帝已经上钩，就说："古时候的帝王派遣将领出兵，总是说'军中大事，全部由大将军做主，我只负责管理朝政就好了！'，正所谓'将在外，君命有所不受'。军功如何、赏赐多少，本来应由大将在外决定，再由他们班师回朝之后向朝廷和君王汇报。过去，李牧在赵国做将军，在边境作战，军中之事完全由他做主，从来不会受到赵王干涉。而且，他管辖境内的租税都自己享用，赵王也不责怪。因此，李牧才能充分发挥才智，驱逐单于，击破东胡，赵国几乎成为霸主。然而，后来，赵王迁继位，诛杀李牧，赵国才惨遭灭亡。"

冯唐停顿了一下，见汉文帝有所动容，接着说："现在，魏尚做云中太守，其所在地的租税收入全部用来供养士卒，所以将士士气高昂、作战勇猛，匈奴也惧怕他。然而陛下却因为 6 个首级的误差将他下狱治罪，削掉了他的官爵。因此，我才敢说，陛下即便得到廉颇、李牧那样的将才，也不能真正地做到人尽其才、好好地任用。"

听完这些话，汉文帝感触良深，马上就颁布诏令赦免魏尚，并让冯唐拿着符节恢复其云中太守的职位。

名人、权威者的话更有分量，同样，名人、权威者的事迹也更具影响力。所以，巧妙借用李牧的典故，就是冯唐成功说服汉文帝的关键。试想，如果冯唐只是劝汉文帝考虑魏尚的功劳，请求他网开一面，那么汉文帝会改变初衷吗？如果冯唐只是说"我认为军功如何，应该由大将自己决定""我认为魏尚只是小过，不应该被治罪"，汉文帝是不是也会治他的罪？

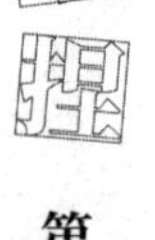

其实，我们平时说服他人时引用名人名言、借用名人典故，都属于借助"权威"，用他们的话语、事迹来增加自己话语的力量，增强自己的气势与说服力。这种方法之所以有效，是因为它利用人们的两种心理：一是安全心理，即人们普遍认为古今名人、权威人物的思想、行为和语言往往是正确的，听从他们的

意见，效仿他们，“保险系数”大；二是认可心理，即人们总认为听从权威的意见，效仿他们，更容易得到别人的认可。

想要说服变得容易一些，就借助权威吧！借用权威人士的话语、事迹，或用权威性的资料来为自己助力，这样说服力和号召力就顺理成章地形成了。

第六章

chapter 6

思维引导

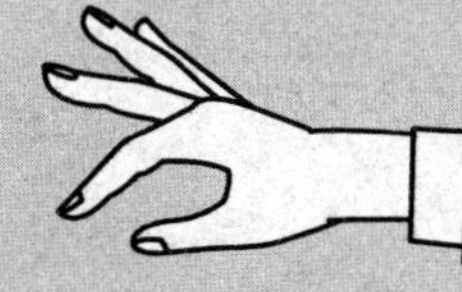

把思想装进他的脑袋

他人的需求正是最好的诱饵

聪明的钓鱼者知道什么鱼喜欢吃什么鱼饵，钓什么鱼抛什么鱼饵。知道鱼儿的需求，下对了诱饵，自然会让鱼儿主动上钩。否则，抛下的诱饵再多、再美味，也无济于事。

有这样一个笑话：

一个人在集市卖梨子，有人前来询问梨子甜不甜，这人立即笑嘻嘻地说：“这梨子每一个都超级甜，不甜不要钱！”结果，那人想也没想，转身离开了。

这人着急地说：“真的，我的梨子真的很甜，不信你尝一尝！”

只见那人说："可是我想买酸梨！"

这看似笑话，却说明一个道理：需求决定态度。不摸清他人需求，抛出再多诱饵也无济于事，因为你吸引不了对方，更别说满足他了。

想要实现目的，前提是明确需求，然后从需求入手。同样的事情，另一个人就更聪明些，不但事先了解、满足其需求，还步步试探、循序善诱，挖掘并不断满足他人更深层次的需求。

第二个摊主见那人走过来，询问道："您买水果啊？是要酸的还是甜的？"

那人说："我想要酸一些的水果。我女儿刚刚怀孕，吃什么东西都没有胃口，就想吃点酸的。"

摊主笑着说："您可真细心啊！我摊上有酸的杏和梨子，很适合您女儿。不过，这酸的东西利口，吃多了也不好，容易伤胃。您还可以给女儿买些好吃又有营养的水果。您知道孕妇早期需要多补充什么营养吗？

那人有些疑惑地说："听说孕妇需要补叶酸和维生素，但是我也不知道具体买些什么。"

听了这话，摊主说："孕妇确实要全面补充维生素，这不仅对孕妇的身体有好处，还有利于胎儿的发育。您看，这猕猴桃挺有营养的，富含维生素，也不算太甜。还有草莓，含有丰富的维生素 B_1、B_2、C，以及钙、磷、铁、钾、锌等，而且酸甜可口。"

那人一听，爽快地说："那真是太好了！我就称一些比较酸的梨子，再来点猕猴桃和草莓给我女儿尝尝。要是她喜欢吃，我明天还来你这里。"

就这样，这位摊主顺利卖出了水果，还拿下一个忠实客户。其实，故事中这位客人的需求是——心疼女儿，为女儿买些可口、营养高的水果。这位摊主了解其需求，抓住并利用这一需求来推销，步步试探、循循善诱，最终实现了目的。

因此，想要实现目的，首先需要了解他人的需求，明确其内心最想要的东西，然后充分调动自己的思维，让对方一步步进入我们的逻辑体系，那么我们的成功便水到渠成了。

不过，需要注意的是，人有直接需求、间接需求，也有潜在需求、实际需求。直接需求，是我们容易了解的，潜在需求和实际需求则需要我们用心去挖掘。

很多时候，如果只针对直接需求抛出诱饵，或许有效果，但效果可能不太明显。我们只有挖掘他人内心真正的需求，并予以满足，才能用小小的诱饵获得大大的收获。

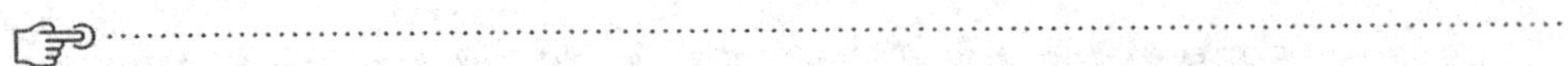

可以说，他人内心的需求是最好的诱饵。不管一个人多强大，在内心需求面前都是弱者。需求越强烈，欲望越旺盛，面对诱饵的抵抗力也就越脆弱。

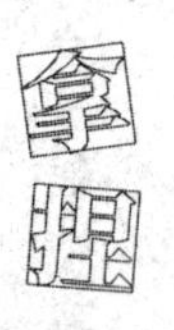

用“假设”来描绘令人无法拒绝的蓝图

“假设”看似虚幻，但如果能抓住他人渴望之心，描绘出其迫切想看到的美好未来，便可以起到非常大的激励作用，促使他人接受提议。所以，我们不可忽略“画大饼”的重要性。画得越好，越能切中要害，越让人无法拒绝。

三国时期，曹操挥军南下，直指江东。孙权、刘备的属地都岌岌可危，面临着被消灭的危机。刘备有意联合孙权共同抵抗曹操，恰好鲁肃前来相见，也极力劝刘备与孙权联合，共拒曹操。于是，权衡利弊之下，刘备就让诸葛亮跟着鲁肃来到东吴促成结盟事宜。

见到诸葛亮，孙权问道：“你最近在新野辅佐刘备，与曹操交战几次，胜负如何？”

诸葛亮回答：“刘豫州士兵不足千人，大将只有三四人，再加上新野是小城，粮草缺乏，怎么能抵挡曹操？”

孙权一听，换个话题，又问：“曹操有多少兵马？”

诸葛亮回答：“曹操破吕布，灭袁绍，收北番，定辽东，最近又平了刘琮，现在兵马超过百万。”

孙权大吃一惊，不相信曹操拥有这么多兵马，心中有所畏惧，又问道：“曹操手下战将如何？”

诸葛亮平静地回答：“足智多谋之士，能征惯战之将，何止一两千人！”

孙权更加震惊，继续问：“那么，先生认为是战还是不战呢？”

诸葛亮先分析形势，接着反激孙权说：“现在曹操已经基本平定天下，威震四方，只有刘豫州不识时务，与之抗争，刚刚被打败。孙将军继承父兄的基业，应量力而行。如果能与曹操抗衡，就该早点断绝关系，奋力一战。如果不能抵抗，还不如按照众谋士的办法，投戈卸甲，向曹操投降！”

孙权听了这话，大为恼火，反唇相讥：“既然这样，为什么刘豫州不投降呢？”

诸葛亮笑着说：“汉初的田横不过是齐国的一位壮士，尚能坚守道义而不屈服，更何况刘豫州是汉室宗亲，英才盖世，天下仰慕。即便不敌曹操，也是天意，怎能屈膝投降呢？曹操虽有百万雄兵，但在我看来，根本不值一提。孙将军为什么不问如何战胜曹操，却问我是战还是降呢？”

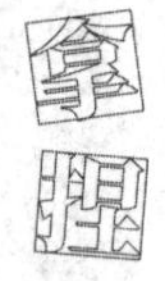

孙权彻底被激怒，勃然正色地说道：“我江东坐拥十万之众，岂能不战而降？我已经决定，誓死抵抗曹操！”不过，他仍担心刘备刚刚吃了败仗，是否还能共同抗敌。

诸葛亮当即陈述刘备的实力，分析了曹操的劣势：“刘豫州虽然新败于新野，但所部伤亡不大，且现在部下也陆续归来。同时，关羽和刘琦手下还各有一万精兵。曹操兵马虽众，但远道而来，疲惫不堪，已成为强弩之末。况且北方人不善水战，荆州降兵虽善水战，却只迫于曹操威逼，必定不会拼死作战。”

最后，诸葛亮还为孙权描绘了“美好蓝图”，说道：“现在只要孙将军能派出猛将，带领数万大军，与刘豫州同心协力，一定能大败曹操。曹操兵败之后，必然退回北方。这样一来，不但荆州、江东能安然无恙，孙将军的实力也将大大增强，天下鼎足而立的局面就形成了。成败的关键，就在今日之举啊！”

在说服孙权的过程中，诸葛亮并没有多费口舌，更没有说我方有多强或有多惨。即便他说刘备很强，恐怕也无法让孙权信服；即便他说刘备多惨，也无法博取同情心。诸葛亮从孙权的利益出发，提出了两种“假设”：一是不联手抗曹，要么江东生灵涂炭，要么屈辱投降；二是联手抗曹，大败曹操，孙刘双方利益最大化。

诸葛亮描绘的“蓝图”——夺取荆州，扩大江东势力，形成与刘备、曹操鼎足之势，正是孙权渴望的。因此，孙权当即打定主意，与刘备联手，共同抵抗曹操。

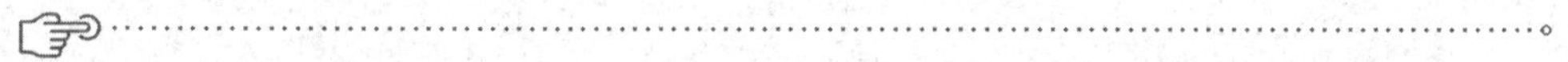

想要说服他人做事，应站在他人角度上，用“假设”描绘出美好的蓝图，以击中他人的内心，满足他人的渴望，其效果比直接让他去做更有效。

让对方相信这是他自己的选择

想让别人做某件事，最好的办法是把我们的思想不着痕迹地“装入”对方的大脑，并让对方相信这是他自己的选择。

啊，总感觉应该选择右边，难道这就是第六感的力量吗？

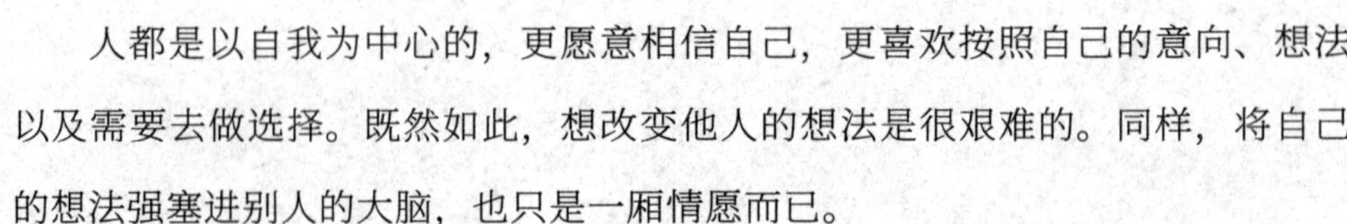

人都是以自我为中心的，更愿意相信自己，更喜欢按照自己的意向、想法以及需要去做选择。既然如此，想改变他人的想法是很艰难的。同样，将自己的想法强塞进别人的大脑，也只是一厢情愿而已。

卡耐基在《人性的弱点》中讲述过这样一个故事：

罗斯福担任纽约州长的时候，完成了一件不同寻常的事情。他采用巧妙的策略，强有力地推行了一些官员不喜欢的改革方案。

每当有重要职位空缺的时候，他就请这些官员为自己推荐合适的人员。为了个人私利，这些人通常会推荐一个无能、需要“照顾”的人选。罗斯福会告诉他们，委任这样的人不是上策，因为公众绝不会答应。

然后，这些人会寻找新的人选，这个人虽然没犯过大错，但也没什么能力，从始至终都是碌碌无为。罗斯福依旧会告诉他们，这个人也不能让公众满意，因为他一直都没有什么可称赞的业绩。他还会客气地请求，让他们想想是否还能找到更合适的人选。

第三次，这些人又推荐了新人，但是罗斯福仍觉得不理想，请求再寻找合适的人选。终于，这些人找到了合适的人选，而这个人就是罗斯福心中合适的人选，也是当初他自己想要提拔的人。

罗斯福非常高兴，委任这个人填补重要的空缺。同时，他还真诚地感谢这些人的协助并告诉他们:“这是你们选择的人，我之所以委任他，是为了满足你们的意愿，是为了让你们高兴。”作为交换，他们也应该支持罗斯福的法案，让罗斯福满意和高兴。

果然，这些官员痛快地答应了，支持罗斯福的各项法案。

罗斯福这个策略用得非常巧妙，可以说是一举两得——既让自己心仪的人选填补了空缺，又让自己的各项法案顺利通过。他之所以能成功，就是因为没有用简单粗暴的手段去说服，而是采取请教、寻求帮助的方式，一步步引导和推动，让这些人按照自己的想法走，并让他们相信那主意完全是他们自己拿的。既然是自己的决定，他们当然坚信是正确的了。

无独有偶。还有一个类似的故事:

一家设计公司的设计师想把自己的设计图样推销给某个公司的老板，不过努力了很多次都失败了。思考之后，设计师想出一个办法：拿出几张还未完成的图样，请求对方帮忙指点如何修改才能符合他的要求。

这个老板答应了，并且提出了修改意见。设计师回去后，按照这个老板的意见修改，然后再来推销。果然，这个老板痛快地买下那几张图样，因为他认为那些图样是自己设计的，自己的想法是最好的，怎么能不满意呢？

是的，每个人都有这样的思维：我自己的想法是正确的；我宁愿遵循自己的意念做事，也绝不按照他人的想法做事；没有人可以改变我。

无论我们多么能言善辩，也不要企图强行说服他人；不管我们的决定多么正确，也不要直接让他人按照我们的决定去做事。我们应该采用思维引导的方式，让对方觉得这是他自己的选择，目的就轻松达到了。

巧用提问，让对方跟着你的思路走

潜意识主宰着人们的思想，控制并决定了人们的大部分行为。想要说服别人，我们要做的不应该是改变他人的想法，而是通过诱发、引导，让对方跟着自己的思路走。提问，便是引导思维的极好策略。

战国时期，秦国趁着赵国政权更替之际，加紧了对赵国的进攻，并连着攻下三座城池。赵威后向齐国求救，齐国虽答应派兵相助，但前提是要赵威后的小儿子长安君去做人质。赵威后十分宠爱长安君，怎肯让他去？

为此，不少大臣“强谏”，惹得赵威后大为恼火，放话说：“谁再说让长安君做人质，我一定朝他脸上吐唾沫！”

在这种情况下，左师触龙为了国家安危想出了一个劝谏策略，求见赵威后。触龙小步快走，来到赵威后面前，说：“微臣的腿脚有毛病，连快跑都不能，所以很久没来看您，但又总担心您的身体有不适，所以今天来看望您。”

赵威后本来气势汹汹，见触龙只是前来问候，便收敛了怒气，回答道：“我也是靠坐车走动。”

触龙又问：“您每天的饮食减少了吗？”

赵威后答道：“只是喝点稀粥。”

触龙说：“我现在特别不想吃东西，不过要是勉强走动三四里，能增加些食欲，身体也舒适一些。”

赵威后叹息道：“唉！我做不到了。”

见赵威后态度和缓起来，触龙把话题转移到孩子身上，一方面拉起家常，另一方面方便进入主题。他说道：“我的儿子舒祺，年龄最小，不成才，而我又老了，疼惜他，希望能让他替补黑衣卫士，希望太后能应允。”

赵威后问道：“这孩子年龄多大了？”

触龙答道：“十五岁。虽然还小，我还是希望趁我没入土时托付给您。”

赵威后想到自己疼爱的小儿子，问道：“你们男人也疼爱小儿子吗？”

触龙答道：“比妇人还厉害。”

赵威后不以为然，笑着说：“女人才是更疼爱小儿子的。”

触龙回答说：“我认为，您疼爱女儿燕后就超过了长安君，怎么能说更疼爱小儿子？”

赵威后否认说：“您错了！我更疼爱长安君。”

触龙解释说：“父母之爱子，则为之计深远。您送燕后出嫁时，拉着她哭泣，伤心她嫁到远方。您不是不想她，可是祭祀时却一直为她祈祷‘千万不要被赶回来啊’，难道这不是为她做长远打算，希望她的子孙一代一代地做国君吗？”

赵威后深表认同，回答："是这样的。"

触龙接着问："从今天往上推到三代以前，甚至是赵国建立之时，赵国君主的子孙被封侯的，他们的子孙还有继承爵位的吗？"

赵威后答："没有。"

触龙又问："不只是赵国，其他诸侯国君被封侯的子孙的后继人还有在的吗？"

赵威后答道："我没有听说过。"

触龙于是说道："不管是被封侯的还是他们的子孙，无不遭遇了灾祸，难道国君的子孙就一定不好吗？他们之所以祸及自身，就是因为地位高却没有功劳，俸禄丰厚却没有功绩啊！现在您宠爱长安君，给他崇高的地位，封给他肥沃的土地，赏赐无数金银珠宝，而不让他为国立功，那么等您百年之后，长安君凭什么在赵国站住脚呢？我认为您为长安君打算得太短了，所以认为您疼爱他比不上燕后。"

赵威后思考了一阵，认为触龙说得有道理，当即同意派长安君去齐国做人质。

在群臣"强谏"无果、赵威后又严厉拒谏的情况下，触龙深知正面讲道理不但无济于事，反而会自取其辱，招来责骂、怪罪。因此，他采取了迂回的策略，先是关心问候，缓和气氛，接着拉家常，拉近距离，然后通过一个个巧妙的问题，因势利导，层层深入地启发引导，让赵威后的思路跟着自己走，最终说服了赵威后。

"你有你的一套说辞，他有他的一套想法"，说话技巧再高，如果不能牵引对方的思路，就无法实现说服的目的。因此，我们可以巧用提问，在问题中渗透自己的观点，同时让对方在回答时思考，与我们产生共鸣，从而赢得对方的肯定。

激发高尚动机，顺势掌控对方

大多数人是理想主义者，内心更倾向于将自己的行为理想化，喜欢为自己做的事找一个高尚的理由。我们正可以利用人性的这一特点，激发他人内心潜在的高尚动机，借此达到自己的期望与目标。

有一位法莱尔先生，是某家房屋出租公司的负责人。有一位房客无理由地想要退房，但是他的租约距离到期日还有四个月。若是现在允许他退房，法莱尔将损失一大笔钱。因为当时是房租最高的时期，在一段时间内，这房很难再高价租出去。

法莱尔委婉地表示拒绝，然而这位房客却执意要搬走，坚决不等到房屋到期。法莱尔本想拿着合约去找房客理论，告诉他即便退房，也必须支付剩余的房租，可行动前又放弃了，因为他知道，这只会引起争执，让事情变得更糟糕。

思考一阵后，法莱尔决定激发其高尚动机，促使其改变主意。法莱尔找到

房客，客气且真诚地说："先生，我知道你打算搬家，但我不愿意相信你真的会违约，因为我从一开始就发现你是一个信守承诺的人。我相信自己的判断，你就是这样的人。"

房客听了这番话，没有说什么，脸上却有些愧色。

法莱尔继续说："现在，我的建议是这样的：您将退房的事情先暂时搁置，不妨再考虑一下；从今天起，到下个月1日之前，如果您还是决定搬走，那么我就尊重您的决定，同意您退租，并承认我的判断是错误的。不过，我相信，您是一个正直、信守承诺的人，一定会履行合约到期为止。"

这位租客同意了法莱尔的提议。果然，第二个月，租客主动前来交房租，并表示自己和妻子商量过，决定不退租了。因为他们认为，信守承诺是一件高尚、光荣的事情。

其实，任何人做事都有两个动机——一个是真实的动机，一个是动听的、高尚的动机。尽管人们知晓自己的真实动机，但更倾向于那个好听的动机，并希望别人能知晓、称赞自己的高尚。当得到别人称赞的时候，人们就会无比自豪，认为自己受到了肯定，变得无比重要。

因此，激发一个人内心潜在的高尚动机，是掌控、改变他想法的关键。在这个故事中，法莱尔之所以能说服房客，就是激发出了他信守承诺的高尚动机。

当然，想要激发他人的高尚动机，我们必须知晓其底层逻辑是什么，即他人内心最渴望的东西是什么，是事业、名声，还是信仰、成就感。通过一些好动机激发对方的行为，加深这种行为对其思想的影响，一步步引导和改变，便能顺势掌控对方。

人是容易被激励的动物，也容易高估自己。不管他人的真实动机是什么，我们也能替他找一个高尚的动机，肯定他、赞扬他，轻松实现自己的目的。

步步为营，用“温水”来煮“青蛙”

抛弃激烈的手段，用“温水”来煮“青蛙”，一步步将我们的思想装入别人的脑袋，用温和的策略来实现自己的目的，不失为上策。

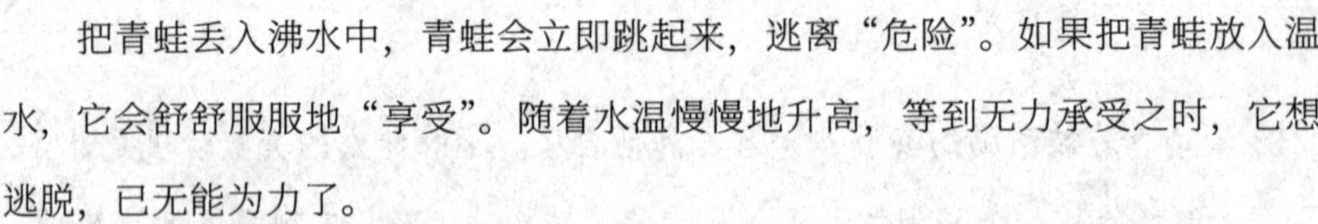

把青蛙丢入沸水中，青蛙会立即跳起来，逃离“危险”。如果把青蛙放入温水，它会舒舒服服地“享受”。随着水温慢慢地升高，等到无力承受之时，它想逃脱，已无能为力了。

汉文帝是一位睿智的明君，当初是在风口浪尖下被推上了帝位。他继位前夕，以周勃、陈平为首的军功阶层诛灭了吕氏，却也牢牢把控了军政大权。

汉文帝对周勃等人加以安抚、礼遇，就算周勃骄横无礼，不把自己放在眼里，他也对其敬畏有加，还将公主下嫁给他的儿子。等皇权稍稍巩固后，汉文帝才想办法在内部分裂军功阶层。一天，在朝堂上，汉文帝问周勃："全国一年判决了多少案件？钱粮收支是多少？"周勃都答不上来，惭愧得汗流浃背。汉文帝又问陈平，陈平回答说可以询问有关负责官员，并清楚地阐述了丞相的职责。汉文帝对陈平称赞有加，更是让周勃羞愧不已。退朝后，周勃埋怨、怨恨陈平，两人产生了嫌隙。

不过，汉文帝仍未着急下手，而是等陈平等军功阶层首脑死后，才以列侯归封国为借口免除了周勃的相职。当时，很多人找借口留在京城，汉文帝就以京城粮食不足为由下令让他们回到封地，还让周勃起带头作用。再后来，有人举报周勃意图谋反，汉文帝立即将其抓捕，关进监狱。周勃请公主做证，又求国舅薄昭为自己求情，才被汉文帝释放，恢复爵位和封地，可惜其势力、威望已经深受打击。

可以说，汉文帝采取的这套步步为营、温和渐进的策略是非常明智的。要知道，以周勃、陈平为首的军功阶层在除掉吕氏之后权势通天，既能拥立汉文帝，也能轻易将其废黜。如果汉文帝一开始就采取激烈的手段打压、夺权，那么恐怕当不了几天皇帝。就因为他用"温水"来煮"青蛙"，一步步分化、打击、瓦解，让他们逐渐失去警惕，才彻底瓦解了军功阶层对朝政的控制。

汉文帝对付诸侯王也使用了这一套策略。诛杀吕氏时，齐王刘襄和他的两个弟弟刘章、刘兴居表现突出，声名赫赫。汉文帝继位后，通过分封宗室的方式，把齐国拆分成几个零碎的小国，迅速平定了刘兴居的反叛。

后来，汉文帝又铲除了淮南王刘长。刘长是被吕后抚养长大的，长大后得知母亲冤死，立志为母亲报仇，并把罪责归咎于审食其。汉文帝继位后，审食其赋闲在家，刘长竟以拜访的名义将其杀死。杀死审食其之后，刘长当即向汉文帝负荆请罪。他名义上是谢罪，实际上是示威，表明自己是为母亲报仇，如果你处理我，就会失掉人心。

汉文帝深知这个道理，陷入两难境地。不过，他很快就想出策略：先下诏特赦刘长，纵容他的行为，然后再找机会一举歼灭。果然，刘长没有反思，反而变本加厉，在封国内不遵守汉廷法律，出入擅用皇帝的警卫规格，甚至使用皇帝专用的文书称谓。刘长还多次上书朝廷，用语多桀骜不驯。汉文帝却置之不理，连个斥责都没有。

不久，有人举报刘长与棘蒲侯柴武之子柴奇谋反，并与匈奴勾结。汉文帝表示不信，将刘长召回京城，让丞相张苍等官员调查此事。调查结果显示：刘长确实意图谋反。众官员极力劝说应立即斩杀刘长，可汉文帝却表示不忍心，不同意官员们的奏请。官员们再议、再上奏，仍要求处斩刘长。汉文帝仍不同意，表示要赦免他的死罪。于是，张苍等人提出一个从轻发落的方案：废黜其淮南王位，将其流放到蜀郡严道邛崃山。

然而，在押送途中，各县官员对刘长极其苛待。刘长绝望不已，最后绝食而死。

正如刘长所说，虽然自己犯法，但情有可原，若是汉文帝果断地将他处斩，恐怕会落得残杀手足的罪名，很可能失去民心，也让皇室宗亲心生嫌隙、反叛之意。因此，汉文帝步步为营，纵容他，让他松懈，使其为所欲为，最后发展到通敌谋反的地步。刘长的罪名查实后，汉文帝仍不立即斩杀他，而是采取流放的方式，让大臣、官员“背了黑锅”，为自己脱了骂名。

相比激烈刺激，人们对于温和的策略更没有防备，更容易接受。所以，遇到猛烈的攻击，人们会报以猛烈的还击，同时绷紧神经，时刻保持着警惕性、危机感。若是遇到了温和的诱导，那么所有的警惕、危机、反抗都会大大降低，时间长了，则完全抛之脑后。

我们需要转变思维模式，尽量避免采取激烈的方式：温和一些，一步步诱导，一点点瓦解，步步为营，效果更好，代价也更小。

从众心理的威压：大家都是这样做的

人都有从众心理。当群体外部出现了某种高度的一致性，人就会不由自主地与他人保持相同的节奏。抓住了人们的从众心理，利用别人来施压，触发其深层的安全意识和危机意识，就可以让其听从我们的引导，心甘情愿地朝着我们希望的方向行事。

西晋有一位很有名的文学家叫左思，他小时候身材矮小，貌不惊人，说话还结巴，才智不足，书法、弹琴等功课都不理想，连父亲都不喜欢他。不过，左思并不甘心，愈加发奋学习，熟读各种经典。当他阅读班固的《两都赋》和张衡的《西京赋》时，虽然惊叹于文章的华丽文辞，却并不认同其中的虚而不实。于是，他决心抛弃华而不实的文风，根据历史和事实，写一篇《三都赋》，把东汉末期的魏都邺城、蜀都成都、吴都南京写入其中，让人们真切了解“三都”。

为了写好文章，左思开始大量收集历史、地理、物产、风俗人情等相关资料，闭门谢客，开始创作。其间，他冥思苦想，反复推敲，时常好久才写出一个满意的句子。无论在庭院、厕所，还是卧室，他都拿着笔和纸，只要有思路，就马上记录下来。历经十年，他终于完成了《三都赋》。

左思对文章很满意，认为它不比《两都赋》《西京赋》逊色。然而，当他把文章拿给别人看时，却遭到了讥讽和嘲笑。当时陆机也想过写《三都赋》，但出于种种原因未写成，听说左思写成了《三都赋》，便挖苦道：“这小子不知天高地厚，竟想超过班固、张衡，太自不量力了！”一些文人认为左思是无名小卒，定不会写出什么佳作，于是根本没仔细看，就把《三都赋》说得一无是处。

左思并不气馁，去拜访著名文学家张华，希望他能点评自己的文章。张华认真阅读了文章，并细心询问了左思的创作动机和经过，之后对《三都赋》称赞不已，还将其推荐给在洛阳很有名望的皇甫谧。皇甫谧对文章也给予高度评价，不仅为他写了序言，还专门请来著作郎张载为《三都赋》中的“魏都赋”作注，请中书郎刘逵为“蜀都赋”和“吴都赋”作注。

在几人的推荐下，《三都赋》很快在文人中流传，阅读称赞的人越来越多。甚至之前嘲笑过左思的陆机也主动拿来阅读，仔细阅读一番后，连声称赞文章写得好，断定自己再写也绝不会超过这篇文章，索性就停笔不写了。

之后，洛阳文人、豪门贵族也都争相阅读、抄写，遂使纸价上涨，成就了“洛阳纸贵”的佳话。

在《乌合之众》中，勒庞认为群体是由许多个体组成的，个体的行为和思维受到群体的影响，往往会表现出一种自发的趋势。个体在群体中容易受到集体意识和集体情绪的影响，从而导致个体行为的集体化。同时，群体的行为往往是从众的，个体会追随群体的行为和意见，而不是依据自己的判断和理性思考。

左思的“逆袭”其实就是利用了从众心理。他先是找几位名士阅读、点评文章，又请他们写序、作注。在他们的推动下，《三都赋》风靡洛阳，在从众心理的威压和影响下，吸引越来越多的人阅读、抄写。当时，阅读、抄写《三都赋》已经成为群体性的、高度一致性的行为：你读，我也读；你抄，我也抄……

事实上，这种人群式的效应有一个共性：群体中的人越是缺少独立自我意识，越容易受大众思想和行为的影响，从而人云亦云。

如果想让一个人做某件事，或劝说其做出一些改变，最好的办法是利用从众心理的威压，把这个人置于某个群体之中，告诉他应该与大众的做法保持一致，或高声呐喊“大家都是这样做的”。那么，在其他人的影响下，他的心理很有可能会发生一些变化，甚至不自觉地被“同化”。如此，我们便可以不费吹灰之力实现目的。

思维引导，关键是找准共同目标

思维引导的本质不是强迫，而是共情。你要学会站在对方的立场上思考，找到他最想要的东西，然后用“共同目标”的名义，把你的计划和他的期望绑在一起。这样一来，对方不仅不会抗拒，反而会主动配合，甚至觉得你的提议正是他需要的答案。

人与人之间的交流，看似是语言的碰撞，本质却是思维的较量。要想真正影响他人，光靠技巧和口才是不够的，关键在于找到一个能让双方心甘情愿走向同一方向的“共同目标”。只有目标一致，对方才会觉得你是与他“同一阵线”

的人，进而愿意与你携手同行。一拍即合的关键，从来不在于你有多优秀，而在于你们前行的道路是否通往同一个目的地。

商鞅，本是卫国人，年轻时喜欢研究刑名法术之学，后来做了魏国国相公叔痤的侍从。一次，公叔痤因病在家休养，魏惠王亲自去看望他。其间，公叔痤向魏惠王举荐了商鞅，说他年轻有为，是难得的奇才，希望魏惠王能重用他。魏惠王听后，并未说什么。

当魏惠王要离开时，公叔痤屏退左右，郑重地说："商鞅有奇才，将来一定大有作为。如果您重用他，肯定会给国家带来好处。如果您不愿重用他，就一定要杀掉他，不要让他离开魏国。"魏惠王随口答应，就离开了。

等魏惠王走后，公叔痤又召来商鞅，直接对他说："我刚才在大王面前举荐了你，但我猜测，大王可能不会接受我的建议。为了忠于君主，我不得不劝大王如果不用你就立即杀掉你，大王答应了，但我不忍心看到你被杀，你赶快离开吧！"

商鞅不以为然，说："既然大王不愿用我，为什么又会听您的话来杀我呢？"因此，他并未离开魏国。

不久，公叔痤因病去世，商鞅听说秦孝公寻访有才能的人，要重振秦国霸业，便来到了秦国，在宠臣景监的帮助下见到了秦孝公。虽然秦孝公会见了商鞅，但是对他无为之道的主张丝毫不感兴趣，甚至听着听着还打起了瞌睡。

事后，秦孝公迁怒景监，大声训斥道："你的客人大言不惭，我怎么能重用这样的人！"

景监回去后，非常生气，用秦孝公的话责备商鞅。商鞅则说："我用尧、舜治国的方法劝说大王，他的心智不能领会。"

过了几天，景监又请求秦孝公召见商鞅，秦孝公答应了。这一次，商鞅讲的是仁义之道，秦孝公仍不感兴趣，事后又责备景监。景监同样也责备了商鞅，商鞅说："我用禹、汤、文、武的治国方法劝说大王，他也听不进去。那么，我就改变策略，请您禀告大王，请求再召见我一次。"

于是，秦孝公再一次召见了商鞅。这一次，商鞅讲的是成就霸业的治国之道，秦孝公明显友好了很多，还夸奖他讲得不错。商鞅知晓了秦孝公的喜好，于是就做好了投其所好的准备。

很快，秦孝公再次召见商鞅，而商鞅继续谈论成就霸业之法，以法家思想为核心，劝说秦孝公对内严刑峻法，对外积极扩张，谈论如何让君王名扬天下，让秦国成为强大的国家。果然，秦孝公非常高兴，与商鞅谈得非常投机，畅聊好几天都不知厌倦。

商鞅之所以能被秦孝公重用，推动变法、改变秦国命运，正是因为他通过观察、揣摩，精准找到了秦孝公与他自己共同的目标：富国强兵，称霸天下。他把变法与秦孝公的雄心壮志紧密结合，让每一项改革都成为成就秦孝公千古伟业的手段。正是因为如此，秦孝公才成为了商鞅变法之路上最忠实的伙伴，倾尽全力为他扫清阻力。

真正高明的引导者，从不试图改变对方的初衷，而是通过目标的重塑，让对方自愿朝着你期望的方向迈进。

第七章

chapter 7

强势掌控

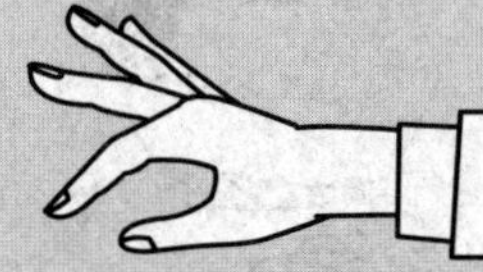

高级驾驭，让对方心甘情愿行事

塑造强大的正面形象

在人类质朴的价值观里，亲近好人、远离坏人几乎是不需要思考就能得出的答案。可悲的是，人性中存在着一种劣根性，那就是欺善怕恶。做一个强大而善良的人就是最好的选择。

秦朝末年，天下大乱，群雄并起。刘邦在楚汉争霸中获得了胜利，建立了新的大一统国家——汉。面对这一结果，人们怜惜项羽这样的悲情英雄，将其塑造成一个不屑使用阴谋诡计、勇猛无敌的形象。然而，项羽的失败真的只是因为刚愎自用、不懂阴谋吗？显然不是。在那个年代，刘邦的形象才是强大而正面的。

在反秦斗争中，刘邦率领的队伍先一步攻破了咸阳，终结了秦朝。刘邦的队伍进入咸阳后，士兵和将领们疯狂地掠夺金银财宝，只有萧何先一步去了丞相府，保全了大量书籍、档案、文献。

刘邦原本对秦皇宫里的财宝、美女十分动心，但有萧何在前，于是稍微有些犹豫。此时，又有樊哙从旁进言说："沛公是意在天下，还是只想当个富家翁呢？秦二世而亡，正因奢侈享乐，您是打算重蹈秦的覆辙吗？眼不见，心不烦，您不如带兵退回灞上，不要待在皇宫里了。"

樊哙的话刚说完，张良又从旁附和说："秦暴虐无道，丢失了人心，随后国家就灭亡了。沛公您今日的壮举，乃是为天下人除害。既救了天下，也应该展示出这样的姿态，以仁义宽厚来帮助那些黎民百姓。如今才刚进入咸阳，您就开始想过奢靡的生活，那和亡国的秦二世又有什么区别呢？"

在二人的劝诫下，刘邦幡然醒悟：秦朝暴虐无道，施行严刑峻法，这才丢了人心；自己若能做出相反的样子来，岂不是就能让天下人归附了？于是，刘邦主动撤出咸阳，驻守灞上，并且想到了安抚周边百姓、的办法。

刘邦命人叫来周边各地有威望的乡绅，对他们说，之前秦朝的严刑峻法害百姓生活艰辛，如今换他来管理，自然不会沿用秦朝的法令。为了让百姓安居乐业，他与各地代表约法三章：杀人要偿命，盗窃和伤人要按照轻重来处罚。

约法三章不只是对于法令的更改，刘邦还告诉这些人，自己不会把当地的百姓迁徙到其他地方，也不会允许士兵劫掠、欺压百姓，推翻秦朝是为了消灭暴政，还百姓一个安稳的生活环境。

刘邦的话得到了各地乡老、豪绅的一致认可。他又命人将约法三章传到周边村、县去。百姓觉得刘邦的队伍是仁义之师，送来了大量的粮食、肉和酒。刘邦则以自己存粮充足为由，一一拒绝。

刘邦能杀入咸阳，证明了他的强大。与百姓约法三章，退还送来的酒肉粮食，展现了他的正直。如此一来，百姓们生怕刘邦当不了王，统治不了这些地方。

那么，刘邦的对头项羽又是怎样做的呢？巨鹿之战可以说是他人生中高光的时刻之一，他不仅摧毁了秦军主力，还留下了“破釜沉舟”这样流传千古的成语。太史公司马迁对于此战也不吝笔墨，称赞项羽英武勇猛。但在此战后，项羽认为秦国的 20 万降兵“心怀叵测”，与其承担被叛乱的风险，不如将其一股脑地解决，于是，他下令残忍坑杀了 20 万秦国降兵。

类似的大屠杀，项羽共制造了 6 起。死难者都是已经投降的士兵和被攻破城池的百姓，这些人已经没了还手的能力，项羽依旧毫不留情地命令士兵举起屠刀。

刘邦退出咸阳，驻守灞上之后，项羽抵达了咸阳。那么，他是怎么做的呢？他率军冲入皇宫，先是杀掉了秦国残余的皇室成员，与将领瓜分珠宝及美女，随后一把火将阿房宫化为灰烬。到了这里，项羽的暴行还没有结束。

项羽的下属中有位韩生颇有见识，他告诉项羽，咸阳地理位置优越，土地肥沃，物产丰富，易守难攻，不如就以咸阳为都城建立霸业。项羽想了想，告诉韩生，富贵了就应该回到家乡让父老乡亲看看，要是不回去，就好像夜里穿着锦绣的衣服赶路，谁看得见呢？

韩生见项羽执意要回江东，私下就对人说：“楚国人果然是徒有其表，就好像猴子戴上帽子假装人一样。”项羽听说了以后，就命人架起大锅烧水，水开以后就把韩生丢了进去，活活煮死。从史料记载中可以得知，项羽做这件事情是非常熟练的，韩生并不是第一个被他活活煮死的人。其手段之残暴，可见一斑。

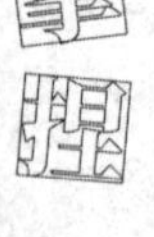

司马迁即便在《史记·项羽本纪》中将其描述得无比勇猛，也难免在《史记·高祖本纪》中给了一个“剽悍滑贼”的评价，与之相对，给刘邦的评价是“宽大长者”。

在楚汉争霸的早期，刘邦虽然强大，但远远不如项羽。但是，刘邦爱惜百姓，是毋庸置疑的正面形象。项羽则屠城，坑卒，喜欢奢侈享乐。因此，人们更喜欢刘邦。

☞……

如果一个人是强大且正面的，人们会愿意与他亲近，因为他的强大会帮助其他人。但如果这个人是个强大的反派呢？人们自然认为他会把强大用在伤害他人上，这样的人又有谁敢亲近呢？恐怕越是亲近，越是会第一个遭殃。因此，建立起正面而强大的形象，自然有人会主动亲近。

赏罚分明，公平公正

什么东西最能给人强大的信念？是金钱，是权力，还是安稳的生活？这些都不是。最能让人产生强大信念的，是希望。希望代表着即便现在很糟糕，依旧有改变的机会。一位赏罚分明、公平公正的领导者就是希望的代表，是晋升渠道畅通的保证者。拥护他，就是拥护自己的希望。

15 世纪，很多欧洲国家为了攫取更多的利益，将目光投向广袤的海洋。穿过海洋就能抵达更加富饶的大陆，获得更多的土地、更大的市场和更多的劳动

力。冒险家们争先恐后地乘船探索未知的领域，轰轰烈烈的大航海时代就此拉开了帷幕。

在前途未卜的情况下，除了少数真正有冒险精神的航海家外，进入海洋的多是些存在侥幸心理、妄图一夜暴富的无赖。他们将一处处新大陆变成殖民地，将土著居民变成无休止干活的奴隶。

有一位名叫塞缪尔的西班牙军官，一进入北美殖民地，马上就被当地印第安劳工的悲惨遭遇震惊了。当地的西班牙人和印第安人都是劳工，但西班牙人的待遇却远在印第安人之上。

印第安人不仅收入微薄，还经常被监工无故鞭打。就连其他西班牙劳工也经常以欺负印第安劳工为乐。西班牙劳工偷窃物品被抓住，挨几句骂，被打几鞭就算过去了。印第安劳工即便是因为饥饿或者生病盗窃了少量食物或药品，也会被打得死去活来，甚至会被绑在木桩上活活烧死。

塞缪尔接手了殖民地后做的第一件事，就是平衡西班牙劳工与印第安劳工的待遇。虽然做不到同工同酬，但他还是稍微提高了印第安劳工的收入水平。除此之外，他还尽力做到赏罚分明：不管是西班牙劳工还是印第安劳工，犯了错都要按照他制定的规则处罚；除了西班牙劳工犯了重罪要送回国受审外，基本做到了公平。没多久，塞缪尔就得到印第安劳工们的拥戴。

就在塞缪尔任期满了即将回国的时候，殖民地发生了印第安劳工叛乱。印第安劳工们以西班牙军官为主要目标，进行了残酷的报复。虽然叛乱很快就被镇压，但还是有大量的西班牙军官被杀死。

叛乱当天，塞缪尔听到骚乱马上就跑出屋子查看情况。几个印第安人虎视眈眈地把他围了起来。就在他们举起武器要杀死塞缪尔的时候，突然有几个印第安劳工跑了过来，说了些塞缪尔不懂的话，那些人就放下武器离开了。接着，那几个印第安劳工把塞缪尔藏了起来，直到叛乱结束，塞缪尔才安然无恙地离开藏身处。

塞缪尔能够在叛乱中活下来，显然是那几个印第安劳工的功劳。他们拥护塞缪尔，就是因为他做到了基本的公正。在塞缪尔到来之前，他们的生活是无望的，不仅每天过着地狱般的生活，还随时可能迎来死亡。塞缪尔成为长官后，他们的生活水平提高得不多，但这却让他们看到了活着的希望。因此，在塞缪尔有难的时候，他们也挺身而出。

赏罚分明，公平公正，既能给他人希望，又能彰显自己的道德水准，自然能得到别人的认可。但如果事情涉及自己呢？公平公正自然是标准答案。但是，有没有比公平公正更好的选择呢？当然有，那就是严于律己，宽以待人。

曹操是治下用人的高手，如司马懿一般的人物，在曹操面前也不敢造次。那么，曹操是怎样做到的呢？

曹操制定的规矩任何人都不许破坏，轮到他自己，从表面上说只会落实得更加严格。为了保证粮食充足，曹操制定了规矩，军队经过田地的时候要小心翼翼，不得毁坏庄稼，否则军法伺候。

一次，曹操率领大军前往宛城。路过田地的时候，军士们都下马小心翼翼地经过。曹操经过的时候，不知道从哪里飞出一只小鸟。曹操的战马受惊，慌不择路冲进田地，踩踏了一大片。

曹操找到执法官，问他自己犯了罪，应该怎样处罚。执法官查阅了典籍《春秋》，告诉曹操说，担任尊贵职务的人不应该受罚。曹操却不这样认为：自己制定的法令自己不执行，那还有什么说服力？于是他拿出刀来，装作要自杀的样子。随行的官员哪里能让曹操自杀呢，赶紧拦住他。曹操便借坡下驴，用剑割下了自己的一截头发。这就是“割发代首”的故事。

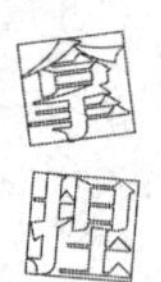

有人将这件事情作为曹操奸诈的证明。不得不说，割发代首确实有点假惺惺，但却不像人们认为的那样毫无代价。且不说按照儒家要求“身体发肤，受之父母，不敢毁伤，孝之始也”，曹操的行为已经算是不孝。就在当时的法律规定中，也有割掉头发的刑罚——这种刑罚伤害不大，侮辱性极强，因为短发是身份低贱、奴隶人的象征。曹操割发代首，实际上是降低了自己的身份。

割发代首象征着曹操对规定的坚决执行，即便他自己违反了，也不能全身而退。那么，其他人违反了呢？自然也要按规定惩罚，不得徇私枉法。曹操按律给予惩罚是本分，如果肯赦免罪过，就是天大的情分了。

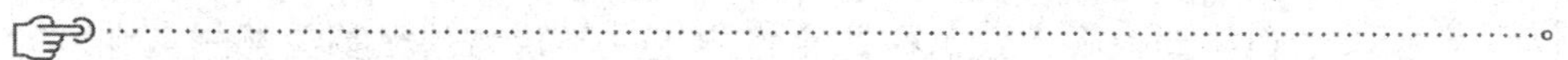

赏罚分明不仅是根据好坏划分利益，更是维护规则、保持秩序应有的姿态。即便是在丛林法则中，强者也能凭借自己的能力获得想要的一切。而弱者则不希望自身所处的环境是混沌的，只有在规则和秩序的保护下才能生存下来。赏罚分明，代表着领导者有意愿、有能力维护秩序。这样的人，就是其他人生存的希望。

把利益分出去，才能创造更大的利益

自古利益动人心，人活在这个世界上，不管做什么都需要一点利益做动力。心越大的人，需要的利益就越多。有些人选择积少成多；有些人则选择将利益分出去，让更多的人聚集在自己身边，然后创造更大的利益。你会选择做哪一种呢？

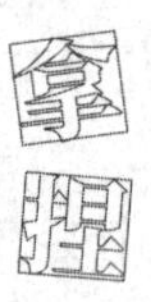

在世界历史上，一些国家会突然出现一位英明神武的君主，带领军队南征北战，建立起能地跨亚、非、欧三个大洲的庞大帝国。其中最为人评说的，就是亚历山大三世统治时期的马其顿王国。

亚历山大的父亲腓力二世是一位励精图治的君主，用了二十年时间把内乱不断的马其顿王国整治成一个强大的城邦。因其创立的马其顿方阵战斗力很强，击败了希腊联军，从那以后，马其顿就成为希腊城邦的领袖。只可惜，在他打算东征波斯之际，却遇刺身亡。

亚历山大早在十六岁时就在帮父亲治理国家了，腓力二世被刺杀的时候他刚刚二十岁。此时的马其顿政坛动荡，内有想要推翻亚历山大统治的其他贵族，外有想要夺回领导权的其他希腊城邦。

亚历山大先用铁腕手段镇压了打算叛乱的马其顿贵族，随后又带兵南下，去攻打反马其顿的老牌强邦斯巴达。凭借强大的军事才能，亚历山大很快就率领马其顿军镇压了斯巴达的叛乱。蠢蠢欲动的雅典见斯巴达败得干净利落，赶紧低头向亚历山大承认了其对马其顿的领导权。

重新取得霸主地位后，亚历山大开始准备向东进军，征服当时地跨亚、非、欧的强国波斯。远征之前，他率军扫荡了马其顿周边的部落和小国，随后将自己的全部财产分给了麾下的将领和士兵。有人问他："你把财产都分给了士兵，那给自己留下了什么呢？"亚历山大回答说："希望，我把希望留给了自己，它将为我带来无穷的财富。"

东征很快就开始了，亚历山大只带了 35000 人和 160 艘战舰。他先在伊苏斯平原击败了波斯国王大流士三世，征服了小亚细亚，随后又占领了叙利亚和腓尼基。同时，他麾下的将领征服了大马士革。

在围攻腓尼基最大城邦推罗城的时候，大流士三世曾派人来找亚历山大，愿意献出半个波斯帝国以换取休战，并赎回自己在战争中被俘的母亲、妻子和女儿。面对半个帝国的财富，亚历山大毫不犹豫地拒绝了，他要做个征服者，而不是接受贿赂的腐败者。

在覆灭波斯帝国的过程中，亚历山大之前说过的话实现了，被他留下的希望为他带来了无穷的财富。面对这些财富，亚历山大做出了相同的决定，他把这些东西用来犒赏将士。

亚历山大花费了大量金钱建造房屋，找来大量的波斯美女嫁给他的将士。军官们都能得到一间华丽的房屋，士兵们也得到了一笔不菲的结婚费用。婚礼上，美酒佳肴数不胜数，珍贵的器皿琳琅满目，乐师和舞者不计其数。整场婚礼，光是直接赏赐给士兵的黄金就有数千斤，算上其他花费，已经是个难以想象的天文数字了。

征服了波斯后，本该让这次远征告一段落，但从他再次将大部分缴获的财宝分给将士的行为来看，收获依旧没有满足他的胃口。于是，他打算继续远征。可惜，在攻入印度腹地后，士兵们因为长期作战和水土不服患上了疾病，亚历山大只好结束远征，率军回归。当他再次整顿好军队，准备征服罗马和迦太基这两个强国时，却患上了热病，不治身亡，年仅三十三岁。

亚历山大两次把利益分出去，都获得了更多的利益。就如同他所说的那样，给自己留下希望，希望将带来无穷的财富。当亚历山大把财产分给将士们的时候，就说明眼下的这些利益根本无法满足他的野心，而分到财富的人也明白，跟随亚历山大能获得更多。

无独有偶。西汉时期的大将军卫青，同样是一位喜欢将利益分给将士的将军。与强硬的亚历山大不同，他是一位真正爱兵如子的将军。士兵没有休息之前，卫青也不休息；士兵没有吃饭喝水，他也不吃不喝；得到的赏赐，他都分给麾下的将士。

像卫青这样的将军，哪个士兵会不喜欢呢？他不仅做到了分享利益，还做到了更高级的有福同享、有难同当。因此，卫青在指挥士兵的时候如臂使指，毫无滞涩。这就是他能七次出击匈奴，为汉匈之战做出巨大贡献的原因。

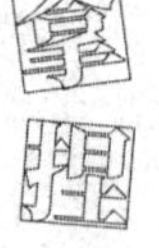

很多时候，没有利益很难驱动其他人与你共同前进。不患寡而患不均，独占利益更会遭到其他人的怨恨。因此，不妨把利益分出去，驱动其他人为自己做更多的事，创造更多的利益。蛋糕越大，每个人分到的就越多。至于自己，自然可以分到最大的一块。

保持距离，营造“高高在上”的权威感

人无完人，距离越近就越能发现对方的缺点。只有保持距离，才能保持住权威感。

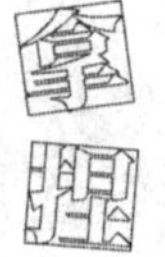

不管是在生活中还是网络上，总会有遥不可及、富有权威的角色值得我们崇拜、追随、敬畏。那么，这种崇拜通常会在什么时候破灭呢？就是在你能够接近他，开始了解他之后。

日本有这样一个寓言故事。在一个小山村里，有个穷苦的樵夫，靠着上山砍柴糊口。上山砍柴可不是容易的事，因为山里有一群凶恶的猴子，它们看见人就会发动袭击。很多误入山中的人，被猴子打得鼻青脸肿。樵夫终日提心吊胆，生怕遇上猴子。

一天，樵夫趁早砍了柴，打算回村把柴卖掉，突然听见远处有很大的骚动声。他心知自己是遇上猴子了，想要逃跑却发现两腿仿佛变成石头，根本动不了，只好怔怔地站在原地，等着悲惨的命运到来。

猴子嬉戏打闹，结伴而行，走在最前面的猴子突然停下脚步。其他的猴子顺着它的目光看去，发现不远的地方站着一个奇怪的人。这人如同石雕一动不动，紧闭双眼，面无表情。一只特别调皮的猴子捡起一块石头就要朝那人扔过去，猴子当中的长老拦住他，对其他猴子说："我一直听说这山中有地藏菩萨，眼前这人面目庄严，见到我们也毫不惊慌，即便不是地藏菩萨，也该是个了不起的人物，我们不如好好对待他，不求得到保佑，至少不能惹祸上身。"

猴子们听了长老的话，纷纷朝樵夫跪拜，一些身强力壮的猴子还拿了不少贡品放在樵夫的跟前，不仅有樵夫从没见过的美食、美酒，还有一大箱金子。等到猴子们走远了，樵夫才一屁股坐在地上，大口地喘气。等休息好了，樵夫就把猴子的贡品带回村子去，一改过去的贫困，成为村子里的富户。

村子里的一个富人见樵夫一夜暴富，非常嫉妒，就找了个机会跟樵夫一起喝酒。他把樵夫灌醉，随后就开始打听樵夫的钱是哪里来的。樵夫喝得神志不清，把自己那天的经历一五一十地告诉了富人。

富人听后大为震惊，人人都说猴子危险，自己还真的相信了，如今才知道，猴子不仅不危险，还特别有钱。樵夫一动不动都能得到这么多金子，自己要是摆开宴席请猴子们好好吃一顿，得到的好处肯定比樵夫还多。

第二天，富人就准备好了美酒佳肴，去山里找樵夫遇见猴子的地方。到了以后，富人摆开桌布，在上面放满了为猴子准备的食物。没一会儿，那群猴子就到了。富人听见猴子的声音，赶紧站起来招呼猴子来参加宴会。没想到，走在最前面的猴子大喊："快看，那有个人！"接着，猴子们就一拥而上，又是抓，又是咬，狠狠地打了富人一顿。

富人遍体鳞伤地回到了村子后逢人便说山林里很危险，有会伤人的猴子。至于樵夫的经历，则被他当成樵夫为了保守秘密胡编的故事。

权威感的破灭就是从接近开始的，接近以后就会发现他也有不懂的事情，也有要其他人帮忙的时候。因此，想要保持权威感，就要与人保持距离。但是想要让他人成为我们的助力，单凭物理上的距离感是远远不够的：在实力上拉开距离，才能营造“高高在上”的氛围。

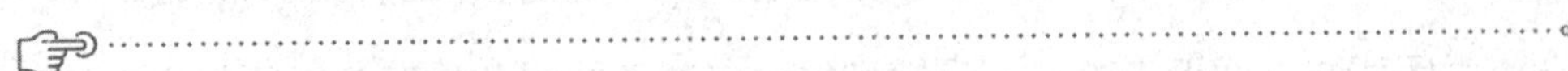

人们对于自己不了解的事物天然存在敬畏之心，而近在咫尺又无法看透的人，就是最神秘的存在。距离，不一定是具体的距离，也可以是看不见的距离，还可以是“与众不同”的距离。

拔高眼界，跳出棋局才能成为“执棋人”

在这个世界上，有许多不可言喻的秘密。政治、经济、地缘局势背后，隐藏着的是重重博弈。仅从表面上来看这些事情，就如同管中窥豹，难免会陷入误区。只有提高自己的眼界，才能看清事情本来的面貌。当发现这些事情是如何盘根错节、环环相扣的时候，我们就能跳出棋局，成为“执棋人”。

东汉末年，天下三分，在魏、蜀、吴三国中，曹操和刘备都是自己打天下，只有孙权的江山是继承来的。孙策临死前，将江东之主的位置传给了孙权，但并非毫无条件。孙策对老臣张昭说:“若仲谋不任事者，君便自取之……”这句话给了张昭巨大的权力，要是孙权不努力，张昭就可以名正言顺地取而代之。

因此，孙权羽翼渐丰后，常常因为政见不同与张昭争执。

辽东公孙渊向孙权投降，孙权打算派人前往辽东犒赏公孙渊。孙权的做法显然不对，张昭便不遗余力地阻止。两人大吵一架，孙权有些无法自控，居然摸着刀对张昭说：“我对您已经非常尊重了，您却一直让我在众人面前难堪，长此以往，我怕会控制不住自己！”张昭用了一招以退为进，哭着说：“我知道你不听我的，但先主临终前再三叮嘱我帮你，我只是为国尽忠！”

赤壁之战前，面对曹操的八十万大军，张昭力主投降，孙权自觉再也无法忍耐。赤壁之战大获全胜后，他便打算拔除张昭的羽翼，夺了他的权力。在张昭阵营中，有个非常关键的人物，那就是吕蒙。

吕蒙本是孙策麾下将领邓当的小舅子，邓当手下有官员嘲笑他年纪小，他便将其杀死。后来有人帮他在孙策面前说情，孙策认为吕蒙是有本事的，就把他留在了身边。邓当去世后，张昭推荐吕蒙接任了邓当的位置。因此，吕蒙非常感激张昭，与张昭走得很近。

孙权继任后，打算改革军制，将那些士兵较少的部队整合起来。吕蒙觉得合并后自己更难出头，就赊了很多红色布匹，为士兵赶制衣服和绑腿。孙权检阅的时候，发现吕蒙的军队颜色鲜艳，就多看了一眼。这一看，他就发现这支队伍比其他队伍军容整肃，因此不仅没把吕蒙的部队合并，反而还多给了他士兵。

从那以后，吕蒙就经常参与战事，屡建奇功，成为孙权很重视的将领。因此，想要夺张昭的权，就要先收服吕蒙，最好的办法就是让吕蒙心甘情愿地投靠孙权。

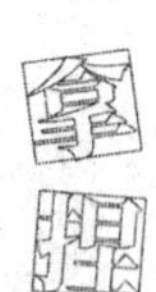

一天，孙权找到吕蒙，对他说：“你如今身居要职，要掌握重权，不学习可不行。”吕蒙推脱说：“我军务繁忙，哪里有读书学习的时间呢？”

孙权有点不高兴：“你军务繁忙，能比我还忙吗？我经常读书，觉得自己从中获得了很多益处。”吕蒙推脱不得，就开始读书。然而，他开始读书后就品出了读书的好，日夜苦读，读的书甚至要比一些大儒还多。

吕蒙通过读书，提高了自己的眼界，开始能在棋局之外观棋了。他发现张昭与孙权之间的天平开始朝着孙权偏移后，便一心一意地跟着孙权。

周瑜病死后，鲁肃继任东吴大都督。路过吕蒙的驻地时，按礼节应该去拜访，但鲁肃以儒将自居，轻视吕蒙这样的莽夫，就不打算去了。在左右劝说下，他才勉强去拜访吕蒙。在酒宴之间，吕蒙问鲁肃："您接受重任，与关羽这样的虎狼为邻，有什么办法应对吗？"鲁肃回答不出。吕蒙马上为鲁肃分析局势、利害，鲁肃大惊失色，这才知道吕蒙的才能、谋略已大胜从前。从那以后，两人便成为兄弟一般的好友。

吕蒙通过读书提高了眼界，看清了局势，及时跳出棋局，站到了正确的队伍里。正是因为他提高了眼界，才能看清孙刘联盟并不稳固，他厉害的分析让鲁肃心服口服。如果他还是当年那个莽夫，鲁肃这样的人又怎么愿意和他成为朋友呢？

拔高眼界意味着能看透局势，想清关节，掌控自己的命运。眼界高的人目光比他人更长远，做事更能看清利害，把握关键，自然会有人愿意跟随。

第八章

chapter 8

弱势逆袭

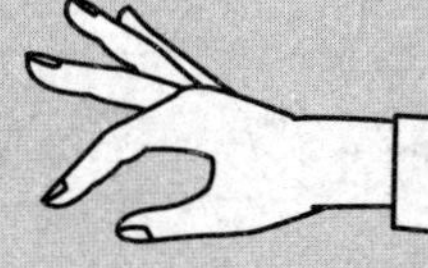

绝妙逆转，“四两”也能拨动“千斤”

“道德绑架”的奇妙力量

越是身居高位的人，往往越重视“道德”二字，或者说，他们越看重自己的“道德影响力”。对于他们而言，如果被贴上“不道德”的标签，那么对自己的权威和公信力将会产生不可挽回的损失。因此，“道德绑架”或许是以下谋上的好办法。

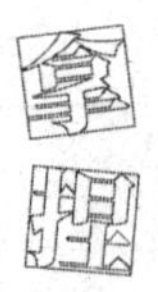

刘邦，汉朝开国皇帝。汉朝建立之后，刘邦当然要给家族谋福利，几乎他所有的亲戚都得到了封赏，他的哥哥、侄子、弟弟得到了封地，成为封疆裂土的“大小诸侯”，但唯独他寡居的大嫂和大嫂的儿子刘信没有得到任何封赏。

刘邦为何要区别对待他们？这还要从刘邦穷困潦倒时说起。

刘邦年轻时终日无所事事，每天和狐朋狗友吃喝玩乐，没有饭局的时候，他就到哥哥家去蹭饭。

数年后，刘邦的哥哥英年早逝，只留下刘邦的嫂子带着儿子刘信孤儿寡母艰难度日。可刘邦早就走顺腿儿了，还是经常到嫂子家蹭饭吃。刘邦的嫂子很讨厌这个吃白食的小叔子，便处处给刘邦脸色看。每当刘邦到点儿来蹭饭时，嫂子总会用力地刮着锅底，以示自己吃完饭了，再无余羹，但刘邦却亲眼看见锅中还有饭，心里知道嫂子这是在嫌弃自己、给自己难堪。从此，刘邦便对嫂子心生怨恨，一记就是许多年，直到他当了皇帝，还念念不忘，因此才不给嫂子和侄子任何封赏。

刘邦的父亲看不下去了，找到刘邦，说："你嫂子好歹也是你大哥的遗孀，他的儿子是你的侄子，你大哥去世了，你看在大哥的面子上，也该好好安顿他们啊！"

刘邦这个人原本就是个"混不吝"，现在又是高高在上的皇帝，他不想干的事儿，本来谁也勉强不了他。但是眼看父亲来当说客，还把已经去世的哥哥搬出来"压"自己，如果再一意孤行，那就真的是不孝也不仁了，只好给侄子刘信也封了个"侯"。不过，刘邦心里头其实还是"有道坎儿"，从他侄子的封号就可以看出来——他将刘信封为"羹颉侯"。羹颉的意思，就是刮锅底！

虽然封号着实难听，但不管怎么说，刘邦还是给刘信封侯了。之所以能让皇帝做出他不愿意做的事情，关键就是那四个字——道德绑架。纵然刘邦从前是个将道德视为无物的小混混，但他现在是皇帝了，天底下人都在看着他的一言一行，都在议论他的是是非非，这时候，即便是"痞子皇帝"，也要注意自己的"道德影响"。此时，不管他本身是不是真的追求道德感的人，他都必将会被道德所约束。这种约束也成为高位者最大的"软肋"，为普通人施展"道德绑架"提供了可能。

我们可以看到，许多善于利用这一点的人，经常会从道德层面给身居高位者"戴高帽"，并一再强调高位者的道德优越性。不明就里的人认为这是在"拍马屁”，但实际上，人家恰恰是在利用高位者的软肋实施“道德绑架”，从而去实现自己的诉求。而且，从某种程度上说，对高位者提出更高的道德要求，适当地进行一些“道德绑架”，其实也是对高位者的一种督促，甚至是约束。这是一种更加深远的影响。

当然，“道德绑架”这个手段不能滥用。一来，要求使用者本身不能有明显的道德漏洞。如果经常使用这个手段，对方感到厌烦，就会着手挖掘甚至制造使用者的道德漏洞，对个人而言是不利的。二来，“道德绑架”能奏效，归根结底还是因为对方有起码的道德观，如果对方根本不讲这一套，“道德绑架”便毫无用处了。

公元前706年，楚武王发兵攻击楚国北方的随国。随国很委屈，表示：我没得罪楚国您，您师出无名，不能攻打我。这时候楚武王说了一句很著名的话——我蛮夷也！意思是，我自认为是蛮夷，所以不遵守你们中原的那套仁义道德！如此一来，道德绑架哪里还能有用？

被道德绑架的对象，肯定是有基本道德观的。对于这样的人，如果频繁地、不分场合地、过度地用道德绑架他们，反而会造成他们道德滑坡，这是对道德的“过度消费”。

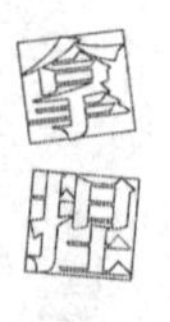

越不完美，越能让人放下警惕

人与人彼此敌视、警惕，根本原因是不能彼此信任。如何才能取信于人呢？只有真诚。

世间不存在完美，若强行以完美示人，那就是不真诚。相反，有时一个人表现得并不完美，却显得真实，能让人放下戒心。

古典名著《三国演义》中，曹操消灭了吕布，打算图谋天下。汉室宗亲刘备有匡扶汉室之心，视曹操为国贼，但因为势单力孤，只能屈居于曹操麾下。

一日，曹操命人将刘备带到府上，在花园中备下青梅和酒，与刘备畅饮。酒至半酣，天色渐变，乌云滚滚，骤雨将至。有随从告诉曹操远处有龙卷风出现。曹操与刘备凭栏而望，曹操问刘备："使君知道龙的变化吗？"

刘备说："愿闻其详。"

曹操说："龙啊，可大可小，能露面也能隐藏，大的时候便兴云吐雾，小的时候就藏起身形，升则飞腾于宇宙之间，隐则潜伏于波涛之内。在这个时节，龙也会乘时变化，就好像人在得志时纵横四海一般。玄德你经常在外游历，一定知道当下有谁可称英雄吧。请说说看。"

刘备说："我因为陛下的恩宠和信任才能在朝廷做官，哪里识得什么英雄……"

曹操说："即便没见过，也总听说过名字吧。"

刘备说："淮南袁术，兵精粮足，能称为英雄吗？"

曹操笑着说："袁术不过是坟墓里的枯骨罢了，我早晚要把他擒获。"

刘备又说："河北袁绍，四世三公，天下到处都是他们家的故旧，如今如猛虎一般盘踞在冀州，手下能人极多，应该称得上英雄了吧？”

曹操依旧面带笑容，说：“袁绍这个人表面上厉害，胆子却小得很，喜欢算计事情，却又常常左右摇摆下不了决心，干大事的时候爱惜性命，看到一点利益却又顾不上性命了。这样的人，算不上英雄。”

接着，刘备又说了刘表、孙策、刘璋、张绣、张鲁、韩遂等人，曹操接连否定，称这些人都算不上英雄。当刘备问出“那谁称得上英雄”时，曹操指了指自己，又指着刘备说：“天下的英雄只有我和使君你啊。”

刘备吓得筷子都掉了，刚好天空传来一声惊雷，他才告诉曹操，自己被雷声吓到，所以才把筷子弄掉了。曹操笑着问刘备：“大丈夫也怕打雷？”刘备从容回答说：“圣人听到刮风打雷也要变脸色，何况是我呢？”

刘备身为汉室宗亲，曹操又觉得他是英雄，故对他多有防备。因为刘备假装自己害怕打雷，“暴露”了自己的不完美，曹操这才对他放下心来。一段时间后，袁术要投靠袁绍。刘备向曹操请命，愿带兵前往徐州截击，已经放松警惕的曹操毫不犹豫地同意了。等曹操麾下的军师为曹操分析利弊，要曹操赶紧出兵抓回刘备时，刘备早就跑远了。

谁都有处在下风的时候，想要逆势翻盘，就必须有一些奇谋、奇招。能行奇谋的前提，就是避开他人的视线，让他人放松警惕。

想要让他人放松警惕，有一个方法，那就是先放下完美的表演，当一个不完美但却很真实的人吧！

强者往往“怜弱”，这是你的机会

同情心、同理心是人类的美德。强者看见弱者时，往往会爆发出同情心，有时还会给予一定的帮助。当我们处于劣势时，不妨利用这一点，为自己争取一个机会。

一位台湾作家某天接到朋友的邀请，前往朋友家做客。这位富翁朋友平日里十分豪爽，经常帮助其他同行，在圈里人缘极佳。因此，接到邀约后，没有人拒绝，纷纷前来赴宴。富翁的酒宴果然没有让人失望，桌上摆满山珍海味，各种珍贵的红酒被一饮而尽。男女仆人优雅知礼，服务周到。

就在酒宴的结尾，富翁突然开始了他的讲话，洋洋洒洒说了十几分钟，核心意思就两个字——借钱。前来赴宴的众人面面相觑，除了这位作家，居然没有一个人当场表示愿意借钱给富翁。本该是宾主尽欢的一场宴会，因为最后这段插曲不欢而散。

当晚，在作家即将上床睡觉的时候，富翁打来电话，在电话里控诉说："今天的这些人，都是白眼狼，想当年我阔绰的时候是怎么帮他们的，如今我有了难处，想找他们借点钱来周转，居然一个愿意借钱给我的都没有。做人要懂得投桃报李，按照我当年给他们的帮助，别说是借钱，就算直接要钱又有什么大不了的。"

作家听着富翁的抱怨，等富翁的控诉结束后才开口说："情况应该已经很糟糕了吧？你现在要借的数目恐怕不是周转那么简单。说真的，我本来也不打算借钱给你。"

作家的话每一句都出乎富翁的意料，过了好一会，富翁才问："你怎么看出来情况很糟的？为什么不打算借钱给我？为什么之后又肯借钱给我了？"

作家见富翁有些语无伦次，也不卖关子了，直接回答说："我认出那个女仆是你妻子的妹妹假扮的，那个男仆应该是你侄子吧？我不能确定，毕竟好几年没见过他了。"

富翁叹了口气，说："我忘了你见过他们，还以为没人看得出来呢。看来，我这最后一块遮羞布也被你扯下来了。不瞒你说，情况真的很糟糕。为了置办今天的宴会，我卖掉了妻子心爱的首饰，又请家人们假扮仆人，就是怕别人看出我的情况。"

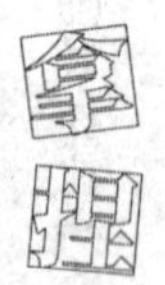

见富翁愿意对他说实话，作家也实话实说："其实，他们不愿意借你钱是很正常的。你看看今天的排场，是他们平日里也不会轻易摆出来的，这让你看起来完全没有向他们借钱的必要，因此也就没人愿意借钱给你了。如果你表现得比真实的情况还要糟糕，念在往日的恩情，他们一定会帮你的。"

几天后，富翁重新宴请了之前那些人，不过，这一次的桌上可没有什么山珍海味了。他的妻子做菜依旧保持着富翁未发迹时的高水准，家常菜一道道由妻子的妹妹和侄子端上桌来。菜肴上齐后，富翁又重新向众人介绍，上次假扮仆人的就是妻子的妹妹和他的侄子。

席间，富翁向众人讲述了自己眼下遇到的危机，希望大家能借钱给他。他以自己的名誉担保，将来一定会偿还的。至于为什么用名誉担保，他此时能作价的只剩下名誉了。

这一次的结果与上一次截然不同，众人纷纷慷慨解囊，愿意借钱帮助富翁。还有几位与富翁业务密切的，表示在经营上他们也能帮忙，可以无偿支持富翁。没过多久，富翁就真的东山再起了。

怜悯弱者是一种高尚的情操，在弱者没有威胁的情况下，强者往往愿意给予弱者怜悯，既有助于自我满足，又能树立人格高尚的形象。

会哭的孩子有奶吃，就是因为那个哭泣的孩子看起来比不哭的孩子更弱小。

豁得出去，兔子搏鹰也尚有一搏

强者与弱者，是相对的称谓，有强者才有弱者。强者比弱者强，但差距真的大到难以弥补吗？即便是难以弥补，真的没有任何获胜的机会吗？当然不是。即便是强者，也并非毫无弱点。只要耐心找到那个弱点，豁得出去，拼死一搏，也能有胜利的机会。

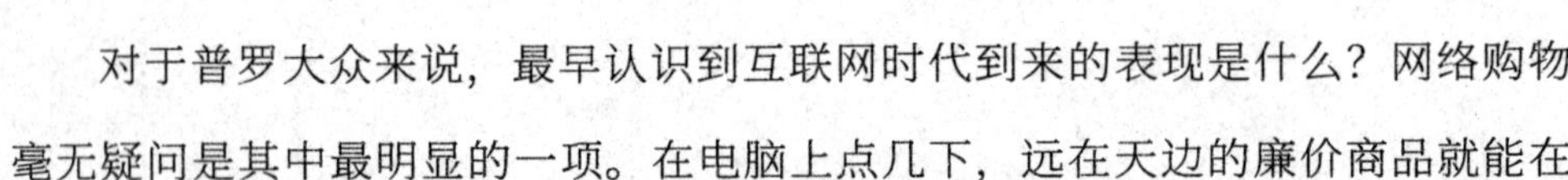

对于普罗大众来说，最早认识到互联网时代到来的表现是什么？网络购物毫无疑问是其中最明显的一项。在电脑上点几下，远在天边的廉价商品就能在几天后送到家门口，这在互联网时代之前是想都不敢想的。在国内促成这件事情的，是阿里巴巴旗下的淘宝网。

网络购物早在中国互联网兴起之前，在国外就已经有成熟的商业模式了。它不是如日中天的亚马逊，而是那个已经快被国人淡忘的名字——eBay。

eBay 早就盯上了中国庞大的市场，在阿里巴巴推出淘宝之前，它就通过收购易趣网进入中国。一个是在国际上颇有影响力、连 PayPal 都收购了的行业领袖，另一个则是初出茅庐。孰强孰弱，一目了然。

为了打垮淘宝，抢占市场，eBay 还通过自己的影响力，与新浪、搜狐等门户网站签订了独家广告协议。与 eBay 合作的网站，就不能与淘宝合作，否则就要赔偿巨额违约金。当时人们寻找可用的网站，主要依靠门户网站的导航，而不是像今天使用搜索引擎。因此，eBay 的做法堪称釜底抽薪，几乎截断了人们认识淘宝的渠道。淘宝为了杀出一条血路，开始在一些流量相对较大的个人网站和线下打广告。

双方竞争的初期，淘宝依旧处于劣势。eBay 的 CEO 甚至认为，淘宝在一年内就会落败，退出市场，但淘宝怎么会坐以待毙呢？它对比了自己与 eBay 在各方面的优缺点，做出了一个"豁出去"的决定——免费。

原始的互联网精神就是免费分享，但是当商业巨头们发现互联网上数量惊人的商机后，免费时代就结束了。想要在 eBay 上卖东西，几乎每一步都要付费。上架商品要付费，开设店铺要付费，卖掉的每件商品都要被抽成。淘宝则不然，从 2003 年出现后，就一直没有收费。到了 2005 年，淘宝正式宣布在未来三年里仍然会坚持免费策略。

对于淘宝的拼死一搏，eBay 并没有看在眼里。eBay 的 CEO 大言不惭地说："免费并不是一种商业模式，淘宝宣布未来三年不收费，正说明了 eBay 在中国的势头正盛。"这番话，为日后的竞争失利埋下了祸根。

因为淘宝的免费策略，大量想要尝试电子商务的商家在淘宝上开设店铺。大量的店铺引来了大量的用户，而因为平台用户多，又吸引了更多的店铺，如同滚雪球一般，淘宝的规模越来越大。在竞争中失利的 eBay 也开始转变策略，将部分服务转为免费，降低开店、上架的费用，和淘宝进行竞争。不管收费多少，毕竟还是要收费的，怎么打得赢淘宝的免费策略呢？到最后，它只好缴械投降，于 2006 年退出市场。

eBay 在中国与淘宝的交锋堪称一败涂地。淘宝能够以弱胜强，究其原因，无非有两点。

第一，淘宝凭着豁出去的精神，以免费为核心与 eBay 进行博弈。

第二，eBay 的总部并不在中国，无法单独决定“免费”这样一项重大变动。这成了致命的弱点，并将其暴露给了淘宝。

强者再强，也有掩盖不住的弱点。只要抓住机会，给其致命一击，弱者未必没有战胜强者的可能性。

别总想着单打独斗，借力打力才是上策

根据二八定律，世界上百分之二十的人掌控着百分之八十的资源，而其余百分之八十的人要去争夺剩下百分之二十的资源。那么，强者与弱者的数量应该呈金字塔型。越是处于尖端的强者，数量就越少。如果要与比我们更强大的人战斗，个人的力量显然是不够的。但是，和我们处在同一阶层的人数量更多，借助他人的力量，未必不能取得胜利。

两次世界大战为这个世界带来了无数创伤，因此被人们铭记。人们都知道萨拉热窝事件是第一次世界大战的导火索，然而早在巴尔干战争时，炸药桶就已经埋好了。

巴尔干地区处于欧洲东南部，是亚、非、欧三大洲的交会处。控制了巴尔干半岛，就意味着控制了黑海、地中海的门户。因此，这里有着非常重要的战略意义，是兵家必争之地。14 世纪，奥斯曼土耳其成为地跨亚、非、欧三大洲的大帝国，统治了巴尔干地区，对这里的人民进行了残酷的奴役。到了 20 世纪，奥斯曼帝国日渐衰落，巴尔干地区的人民看见了曙光。

为了让阿尔及利亚获得自由，为了解放保加利亚、塞尔维亚、希腊等在巴尔干地区饱受政治迫害的人民，保加利亚、塞尔维亚、黑山、希腊四个国家联合起来，成立反抗联盟。此时欧洲国家已经进入了殖民时代，意大利对帝国拥有的大片土地虎视眈眈，双方开始交战。反抗联盟也趁机发出通牒，要求奥斯曼帝国撤出巴尔干地区。

瘦死的骆驼比马大，烂船也有三斤钉。即便奥斯曼帝国已经日薄西山，仍不觉得四个小国组成的联盟能反了天，于是毫不犹豫地拒绝了反抗联盟的要求，开始动员军队，准备作战。

奥斯曼帝国的正规军数量有 28 万，算上战时动员的预备役可达 70 万之多。反抗联盟的兵力只有不到 40 万，且战斗力不如奥斯曼帝国正规军，但要胜过没能通过训练恢复战力的奥斯曼帝国预备役。至于反抗联盟的预备役，都是些从未接受过任何军事训练的普通人。

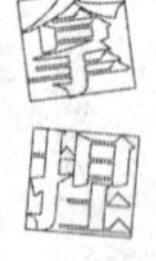

从表面上看，只要奥斯曼帝国的预备役没有恢复战斗力，双方差距尚在可接受的范围内。一旦拖得久了，让奥斯曼帝国完成动员，反抗联盟就难以与其对抗了。没想到，战争从一开始就朝着出乎意料的方向发展，反抗联盟节节胜利，奥斯曼帝国节节败退。

这主要是因为反抗联盟的士兵有强大的使命感，这是一场关乎民族解放的战争，即便是没有经受过任何军事训练的预备役士兵，到了战场上也毫无畏惧，勇猛无比。于是，短短三个月的时间，反抗联盟就击溃了奥斯曼帝国的军队，逼迫奥斯曼帝国签订停战协议，阿尔及利亚趁势独立。

虽然欧洲在巴尔干战争后局势变得更加紧张，但这场胜利毫无疑问对民族解放运动有着非常重大的意义。每一次民族解放运动的胜利都在告诉其他被殖民地区的人民，只要团结起来，意志坚定，就可以战胜那些训练有素、装备精良的侵略者。

狮子搏兔亦用全力，更何况当我们处在弱势时却要对上强者，就应该用上一切力量进行斗争。凭本事借来的力量，同样算是自己的。

面对强者时，单打独斗基本上是毫无胜算的。借力打力，既能提高成功率，又能降低失败要承受的风险，这才是真正的上策。

找准“支点”，蚍蜉也可撼大树

阿基米德发现了杠杆原理后曾说：“给我一个支点，我可以撬起地球。”地球何其庞大，人类又何其渺小，但通过一个支点，便能做到以小博大，蚍蜉也能撼动大树。

弱者与强者之间的差距，远没有蚍蜉与大树那样大。

东汉末年，黄巾起义的爆发导致东汉政权濒临崩溃。各地诸侯互相吞并，中原大地烽烟四起。北方有两个强大的军阀，分别是袁绍和曹操。袁绍兵精将广，在击败盘踞在幽州的公孙瓒后，解除了后顾之忧，便打算挥师南下。曹操处在各诸侯的包围之中，家底也不如袁绍雄厚，面对要南下的袁绍，可以说毫无优势。

双方进行了几番小规模的战斗，曹军略占上风，但面对来势汹汹的袁军，只好退回官渡。袁绍重整军队后，向许都进军。许都乃是曹操大本营，自然不能轻易暴露在袁军之前，曹军就在官渡进行阻击。

曹军能够小胜已是侥幸，双方在官渡对峙后，曹军两次主动出击，都以失败告终。这个时候，曹操得到了他的第一个支点。曹操军中有个名叫刘晔的谋士，在出征宛城的时候，他从独轮车上得到灵感，制造了一种名为霹雳车的投石武器。此时距离曹军攻打宛城刚过去三年，袁军并不熟悉霹雳车，因此攻城器械都被霹雳车砸毁，极大减少了曹军的伤亡，延缓了袁军的进攻势头。

随着双方对峙时间越来越长，曹军的不足就越发明显。袁绍虽然是客场作战，但储备的粮食很多，只要源源不断地运到前线，袁军就没有饥馑之忧。曹军则不一样，虽然身在主场，依旧缺少粮草。

四处筹措导致运输粮草的士兵疲惫不堪，曹操见了于心不忍，甚至打算放弃官渡，退守许都。就在这个关键时刻，第二个支点到了。曹操派徐晃截击袁军，没想到截住了袁绍的运粮大队。数千辆粮车被付之一炬，成功地将双方的补给拉到同一水平线上，一定程度上抹平了劣势。

又过了三个月，曹军的粮食实在供应不上。长期的战争让百姓疲惫不堪，纷纷转投袁绍。眼看曹军就要被拖垮了，曹操的第三个支点来了。袁军将领淳于琼率领一万士兵护送军粮前往前线，袁绍麾下谋士沮授提醒袁绍，应该再派一支援军在外防护，以免被曹军截住，袁绍不听。

淳于琼护送运粮队伍，因为天色已晚，就在乌巢夜宿。乌巢距离袁绍大营只有四十里，因此袁军没有多加防备。正巧此时袁绍麾下谋士许攸因为与另一位谋士审配不和，转而投靠曹操。他告诉曹操，此时袁军所有的辎重都在乌巢，如果能趁着夜色轻装出击，一把火烧了这些辎重，袁军必败。

曹操大喜，当晚就亲自率兵偷袭乌巢。抵达后，他立刻命人放火。袁绍得知乌巢起火，一边派人快速前往乌巢救火，一边派出张郃、高览两位猛将前去攻打曹营。曹操奇袭乌巢只带了五千人，离开大营的保护是非常危险的，这个时候，第四个支点来了。

曹操麾下骁将乐进在乱军之中遭遇了袁军将领淳于琼，经过一番奋战将其斩于马下。张郃和高览听说淳于琼被斩，临阵倒戈，投降曹操。这二人的举动导致袁绍军心动摇，顺势崩溃。史料记载，事后曹操坑杀的袁军有七八万人，如果不是军心崩溃，袁军未必没有一战之力。

官渡之战后，袁绍元气大伤，只带着八百骑逃回冀州。此消彼长之下，曹操一举成为北方实力最强的军阀。

找到正确的使用方法，杠杆能够帮助我们战胜更加强大的对手，其中重要的就是找到合适的支点。曹操在官渡之战中四次找到重要支点，即便双方实力悬殊，也成为笑到最后的赢家。

面对强敌的时候，要学会寻找支点，用最小的力气办最多的事。几次交锋下来，强弱之势也许就可以逆转，到时候，蚍蜉撼大树也未必不能成功。

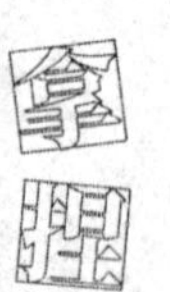

让自己成为不可替代的角色

想要在强者之林中保全自身，就必须让自己是有价值的，哪怕只是利用价值。价值越是不可替代，站稳脚跟的机会就越大，将来才有翻盘的可能。

人们常说，不管东西多小，也不是全无价值的。真的是这样吗？实际情况与现实相去甚远。应该说，有价值的东西不管多小，都能被保留下来。那些又小又没有价值的东西，早就被人们丢掉了。

老张是一家互联网公司的程序员，其实他年纪不大，人人都叫他老张，是因为他入职时间长，经历过几次人事更替，他就成了老张。每次人事更替，老张都能躲过裁员，留在公司，不是因为他能力强、本事大，而是因为他勤劳肯干、兢兢业业。升职加薪的速度不快，但很少有人讨厌他。然而，这一次辞员，部门里所有人都觉得老张躲不过了。

随着互联网红利越来越少，老张所在的公司效益逐渐下降，据说将要进行一次规模最大的裁员，各个部门只留精英，其他一律裁掉。老张距离精英还差得远，部门里有和他同期进入公司的行业大能，也有名校毕业、浑身干劲、能把老张“卷死”的年轻人。不管哪一种，都不是老张这种半路出家、自学成才的野路子能比的。不少同事都替老张着急，而老张却跟没事人一样，依旧兢兢业业地工作。

几天以后，裁员名单出来了，老张的名字赫然在列。面对依依不舍的同事，老张平静的脸上露出一丝笑容。他收拾好工位，把自己的东西交给了一位同事。面对同事不解的眼神，老张就说了一句：“先放你这，过几天我来拿。”接着，就跟同事们一一道别，毫无留恋地离开了公司。

几天以后，老张又出现在了公司。同事和老张打过招呼，打趣说：“回来拿东西的吧？拿访客证进来的感觉怎么样？”

老张一头雾水，接过东西一一放回他原来的工位，对同事说：“什么访客证？我被返聘了，是拿工作证进来的。”

这回轮到同事纳闷了。这次大裁员，比老张强的同事不知道走了多少，这老张怎么不声不响地被返聘了？难道是老张有什么“关系”？还是同事们都没有看清老张的真正实力？他问老张原因，老张只是挠挠头，说自己也不知道。

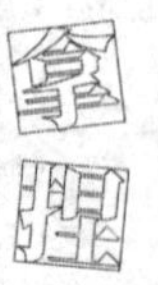

老张返聘虽然是好事，但一想到这件事情莫名其妙的程度，这位同事的心里就好像有只猫在乱抓一样。几天以后，他终于按捺不住，找了部门领导，旁敲侧击问老张被返聘的原因。

一提到老张，部门领导就气不打一处来。他直接打开编程软件，指着上面的代码问：“你过来，能看懂吗？”

这位同事一眼就看出这是老张的代码，他和其他人早就取笑过老张的野路子水平，虽然能完成工作，但却非常复杂，做起来费时费力，如果不加注释其他人根本看不明白。他摇了摇头，不是给老张长脸，而是真的看不懂。

部门领导指着屏幕说：“老张干了一半的工作，谁都不能接手，如果不用他的这部分代码，整个项目都要推倒重来。更何况，之前的项目他负责的部分要是出了问题，谁都解决不了。我除了返聘他，还能怎么办？”同事这才恍然大悟，原来老张是这么被返聘的。

老张的能力不够强，价值不够高，但却通过长时间的工作为自己创造出了无可替代的价值，即便是地位比他更高、权力比他更大的部门领导也拿他无可奈何。

当我们不够强大的时候，想要不被他人左右，就必须成为不可替代的角色。有机会就要抓住，没有机会就努力创造。

在生活里，就是有许多“创造需求”的事情。把我能做到的独一无二的事情，变成人人都需要但只有我能做的事情。许多人就是借此在逆境中找到了站稳脚跟的办法，许多商品也是通过这种办法获得了用户。